逻辑学是什么

英国剑桥大学格顿学院院长 · 女性哲学家
凯恩斯父亲的得意弟子 · 率先加入亚里士多德学会的女性之一

[英] 康斯坦斯 · 琼斯（Constance Jones）＿＿著　　陈曼佳＿＿译

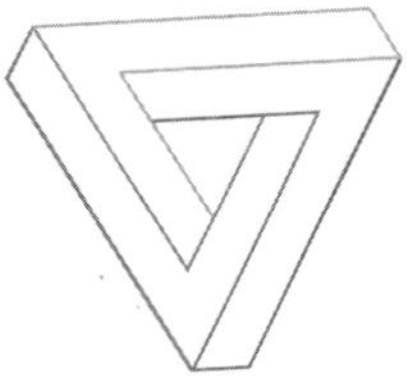

An Introduction to General Logic

地震出版社
Seismological Press

图书在版编目（CIP）数据

逻辑学是什么 /（英）康斯坦斯·琼斯著；陈曼佳译 . -- 北京：地震出版社，2022.3
ISBN 978-7-5028-5257-3

Ⅰ . ①逻… Ⅱ . ①康… ②陈… Ⅲ . ①逻辑学－通俗读物 Ⅳ . ① B81-49

中国版本图书馆 CIP 数据核字 (2021) 第 279396 号

地震版 XM4764/B（6218）

逻辑学是什么

［英］康斯坦斯·琼斯 著
陈曼佳 译
责任编辑：薛广盈
责任校对：凌 樱

出版发行：地震出版社
北京市海淀区民族大学南路 9 号 邮编：100081
发行部：68423031 68467991 传真：68467991
总编室：68462709 68423029
证券图书事业部：68426052
http：//seismologicalpress. com
E-mail：zqbj68426052@ 163. com
经销：全国各地新华书店
印刷：固安县保利达印务有限公司

版（印）次：2022 年 3 月第一版 2022 年 3 月第一次印刷
开本：710 × 960 1/16
字数：176 千字
印张：14.5
书号：ISBN 978-7-5028-5257-3
定价：48.00 元

前言

我创作本书的目的是为初学者提供一本 “逻辑学入门书”，也顺便对逻辑学这门学科做一个简洁连贯的概述。在逻辑学方面，我知道近年来涌现了大量的基础教材和手册，而我之所以想再添一笔，原因是希望自己的书能够为所有逻辑学教师解决一些普遍存在的难题——事实上这也是我在这几年的初级逻辑学教学经历中，所关注的难题。

本书中，我力图尽可能简单而系统性地论述我在一本小书中表明的观点——该书写于三年前，本质上是对逻辑学中一些难点的解释。在那本书里，我充分探讨了自己与传统学说背道而驰的案例和原因，希望在本书中不必再重述争议部分——这样做也显得不合时宜。在那本书的写作过程中，每当我想起不同的思想家和作者，就会意识到他们对我的帮助；然而，即便我对此铭记于心，与他们所给予的真正帮助相比，我所意识到的那部分仍然是微不足道的。

这本书从词项的两个特征出发——作为事物名称，既有外延又有内涵。在此基础上，加上认识到事物的多重特性，以及由此而产生的许多名称，（我认为）这决定了重要断言的可能性以及直接推理和间接推理的全部学说。排中律解释并肯定了事物之间的关联性；培根的形式主义学说修正了密尔的归纳法。在我看来，归纳和演绎关系极为紧密，比起将演绎（或“形式”）逻辑和归纳（或

"物质"）逻辑彻底区分开来，将所有逻辑视为一体更为方便。同样，根据词项的双重特性，必须明确同一性法则是多样同一律法则。并且，我在第四章谈及的相关命题，第七章的量化，第六章的选言命题，第十九章中逻辑原则的功能和相互依存关系，这些观点都是比较新的；同样还有第十八章的系统化谬论和第十章对直接推理部分的阐述。我认为逻辑学是用语言表达的断言，它绝不是心理学的一个部分，对于这点我毫不怀疑。

我在本书中忽略了所有与历史相关的问题，以及与理论大纲无直接关联性的问题。但为了便于参考，对于那些初级教材中普遍涵盖的问题，我在第十九章后附上了简要说明。

其中有一组问题集，它们主要取自剑桥大学发布的试卷，少数取自牛津或伦敦大学的试卷。另外，其中相当一部分问题是从已故教授埃文斯的著作中摘录而来。

在此，我由衷感谢伦敦国王学院和剑桥圣约翰学院的凯迪科特教授，感谢他耐心为此书校样，并给予宝贵的批评和建议。

我还要感谢剑桥大学纽汉学院的爱丽丝·加德纳女士和E. 罗德斯女士提供的一些建议。

康斯坦斯·琼斯

剑桥格顿学院

1892年3月24日

目录

附录

An Introduction to General Logic

第一部分

命题的含义

第一章　逻辑的定义和范围

所有知识都包含在陈述和命题之中。解释、质疑、证明或反对任何命题的唯一方法，是借助与之有联系的其他命题。逻辑学可被称为“命题的内涵和关系”的科学。因为所有科学都由命题表达，因此逻辑学是科学的科学——外延于所有知识的程序方法的科学。普通逻辑学是从一般思维出发，是以人的理性和语言的可靠性为前提的。

所有沟通和记录的知识都由陈述或命题构成，陈述或命题都是用文字表达的判断。作为理性的生物，无论对某个特定的陈述相信与否，我们都必须给出相应的理由。如果相信一个陈述，我们只能通过引入其他陈述来作证相信；如果不相信一个陈述，也只能引入其他陈述来作证不相信。任何有疑问的陈述和命题都可能与我们提出的命题（或有关命题的推论）相容或相悖。例如，我相信一定数量的氢氰酸是一种蔓延速度极快的剧毒。我可能会提出以下两个命题：（1）已知氢氰酸会导致突发性死亡；（2）自然界是统一的。

再比如说，我不相信“太阳围着地球转”这个陈述，并且我用以下考量来证明我的陈述：（1）这个假设没有解释天体运动；（2）任何假设，如果不能解释它所适用的现象，就不能被人接受。

再比如说，我相信以下陈述：（1）哲学家都不可靠；（2）等量加等量之和相等——（1）因为所有人都是不可靠的，而哲学家是人；（2）这是不证自明的，不证自明的应该被相信。

在其他任何情况下，为了建立或证明任何可疑命题的错误，我们都要通过考虑它与其他命题的关系来检验。此外，为了质疑或解释任何命题，我也必然要利用其他影响原命题的命题——即与原命题有关的命题。逻辑学的任务是揭示命题的含义或意义，以及命题之间的关系。而且很明显，探究命题的含义或意义，是研究命题关系的必要前提。由于所有知识都用命题来表达，并且科学是系统化的知识，因此逻辑学适用于所有科学——既适用于心理学，也适用于自然科学；既用于数学，也用于语法学；既对哲学有用，也对保险学和统计学有用。由此可见，逻辑学作为“命题科学”，必然是“科学中的科学”——一种适用于所有知识分支的过程方法科学。

如果逻辑学是命题科学，那它自然从普通思想出发，在用普通语言表达后，通过对原观点的反思加以确认。普通思想包含两个假设：（1）使用统一术语；（2）应该相信不证自明的。也就是说，普通思想在人身上具有理性，在语言上具有可靠性。第一个假设可能在任何情况下都没有依据，但为了在特殊情况下证明它，甚至为了怀疑或验证它，我们都必须做出一定的假设。并且有时看似不证自明的命题结果并不正确，但我们只能通过进一步诉诸看似不证自明的命题来检验特定的案例。因此，似乎在任何特殊情况下，作为理智怀疑主义者的一个必不可少的条件，即我们必须假定——至少暂时假定——语言和人类智力的普遍可靠性。

第二章　直言命题的要素

命题是用文字表达的判断，主要分为直言命题、条件命题、假言命题和选言命题。直言命题包含两个词项（主项和谓项）和一个联项。词项主要是名称，一个名称即指代某个事物或一组事物，用来表示事物某些特征的一个词或词组。名称的外延和内涵对应事物的存在和特征。名称可分为：（1）实体名称；（2）属性名称；（3）形容名称。（1）可以继续分为普通、特殊、专有和独有名称。（1）和（2）可以作命题的主项或谓项，但形容名称只能作谓项，可以是（1）和（2）的谓项，但（1）和（2）不能是彼此的谓项。专有名称自身的外延不适用于新情况的外延。词项是指任何断言的（主项）事物的词或词组，或被断言（谓项）的词或词组。词项必须与词项名称区分开。命题的许多重要差别取决于词项的差别，尤其是主项词项。词项的特征必须依据命题才能确定。词项之间最大的区别是看其是单独词项或形容词项（只能作命题谓项的词项），还是普遍词项（可以用作主项和谓项的词项）。根据这个区别，对应的命题便可分为巧合命题和形容命题。全称词项主要划分为属性词项和实体词项。再细分词项，特别重要的一个细分是绝对词项和相对词项（指某个系统中连接属性主项间的依赖或关系，这种依赖或关系可以是任何程度的复杂性，从一类或任何相关对象的简单关联到复杂的系谱树，甚至是一个总体）。从一个相对命题——如一个命题含有相对词项（如H等于F）——可比一个绝对命题得出更直接的推理。数学命题是相对命题中一种特别重要的情况。联项可以是肯定的或否定的，它的职能是表达词项间的特定关系。

名称、词项表。

命题可以定义为：用文字表达的判断。

命题可主要分为：（1）直言命题——例如：所有白色紫罗兰都是香的；（2）条件命题—— 例如：如果紫罗兰是白色的，那它就是香的；（3）假言命题—— 例如：如果古代科学家是对的，那么太阳围着地球转；（4）选言命题—— 例如：任何鹅都是灰色或白色的，任何紫罗兰都是香的或非白色的，太阳围着地球转或古代科学家错了。（2）和（3）可统称为推论命题。（见图1）

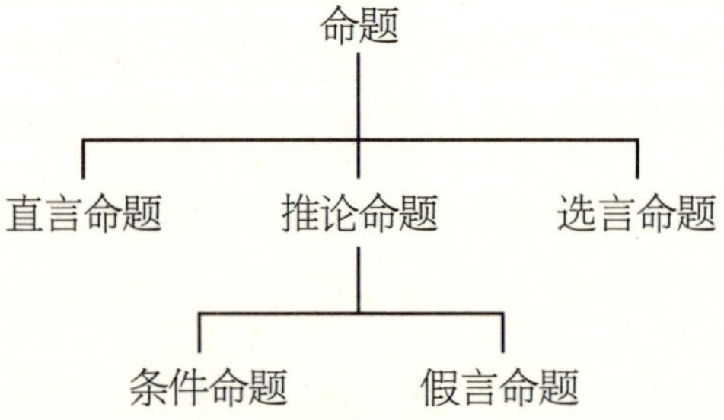

图1

在研究命题的含义时，我们必须考虑：①命题的构成要素；②命题作为整体的作用。任何直言命题都是由词项和联项构成的，例如，在直言命题“生活是甜蜜的”里，“生活”和“甜蜜”是词项，“是”是联项。并且“生活”和“甜蜜”不仅是词项，也是名称，例如出现在字典列表里时，它们就只是名称。

名称可以定义为：用于某个事物或一组事物的单词（或词组），并表现适用事物的某些特征。

每个名称都可以单独或与一些修饰词一起作为词项使用，如“全部”“这个”“一些”“大多”和“许多”等。一个名称当然必须适用于某个事物（它就是事物的名称），否则它就不是任何事物的名称；它必须表现出某件事物的特征，否则就没理由把它外延到任何特定事物上（不可避免地，任何事物的名称是名称所表现的特征之一；而对我们这些借名称了解事物并用名称来指代事物的人来说，这个特性尤其重要）。每个名称的双重职能：（1）适用于某件事物；（2）表现出某件事物的特征——对应于名称所指代事物的存在和特性。要成为任何一种事物，必须（以某种方式）存在；无论事物以何种方式存在，它都必须具有能区别于其他事物的特征。

看一下这些名称：（1）树；（2）鬼；（3）绿色；（4）无形性——每个都是十分有存在感的名称——（1）和（2）类事物属于属性的主项，（3）和（4）类事物属于主体的属性。（1）和（2）表示树和鬼的特征使之区别于其他属性主项，如蕨类、固体等；而（3）和（4）表示绿色和无形性的特征区别于其他特征，如白色、硬度、三角形等。

可以说，对应于任何事物所取得的名称，就是该名称的外延；与事物特征相对应的便是名称的内涵。就外延而言，每个名称都在一个层次上——名称的外延只意味着适用于某件事物——其实就只是事物的名称。但就内涵而言，名称有很大差别，例如，专有名称与其他名称不同，除了用作专有名称，它们所适用的对象并没有明显的共同特征（这种独有的特征可能很重要——例如：仅供参考）。因此——由于名称能表现特征的特性并不意味着名称得以外延（正如杰文斯所言："约翰·史密斯无法把姓名写在额头上"）——专有名称有个独特的区别，即它们绝不能外延于任何新对象上。如果我见过三四头狮子或三角形，在没有获得更多信息的情况下，再见到其他狮子或三角形时我可以应用这个名称；但即使我见过三四个约翰·史密斯，也不能由此了解下一个约翰·史密斯。对于名为约翰·史密斯的对象，我们只能预测：（1）主体的个性；（2）独特性；（3）独特的名字；（4）名字是什么——约翰·史密斯。诸如"狮子""克伦勃猎犬""犰狳""四便士""三角形""慷慨""红色""蓝色""六边形"等名称，我们可以——除了名称不附加其他知识的情况下——预测类别或与属性相区别的若干特征；基于此（只要有过应用这类名称的经验），我们便能识别出名称所应用的新对象。当然，我们还能把名称与专有名称相结合，例如，马丁利紫罗兰、伦敦雾、亚历山大的父亲、恺撒的妻子；还有一些特殊名词和类别名词同样重要，如最大的大陆。

在诸如"雾""白色""紫罗兰""香"等名称和诸如"悉尼""玛利亚""科尔尼""里奇马尔"等名称之间，又出现了一些如"星期六""十二月""冬天""沙皇""坎特伯雷大主教"等名称，这些名称的外延受到隐藏的固定条件的限制。例如，冬天是一年中最冷的季节，星期六是一周的最后一天——但温带地区每隔九个月迎来一次冬天，或每年有52个星期六，这不属于冬天和星期六的含义（或内涵）。无论哪天是一周的最后一天，它都是星期六，无论哪个季节最冷，它都是冬天；但由于具有这些特征的情况只在一定的时间间隔内出现，而这种情况不包含在“星期六”和“冬天”的定义中，因此这些名称的外延就受到了限制。

同样，“一次只能有一个人”不包含在“沙皇”和“坎特伯雷大主教”的内涵中，但头衔的外延却因条件而受到限制。

我们已经提到，一个直言命题可以分为词项和联项——例如：生活是甜的，“生活”和“甜”是词项，“是”是联项。此外，这两个词项分别称为主项和谓项，例如：在给出的命题中，“生活”是主项，“甜”是谓项。主项指称事物，谓项表示主项指称事物具有或不具有的性质，联项决定主项和谓项的关系，如果我们用S表示“生活”，用P表示“甜”，得到S是P，它可以用来表示所有的肯定的直言命题。

词项可定义为任何词或词组，表示被断言的事物（S）或对事物的断言（P）。

一个词项（无论是S，还是P）可以由一个单词构成，如（1）雪是白色的；（2）坚忍不拔是令人钦佩的；或由几个单词构成，如（3）索尔兹伯里侯爵是现任英国首相；（4）所有人都可能犯错。S在句（1）中表示一种无组织实物，在句（2）中表示属性，在句（3）中表示特定个体，在句（4）中表示一整个类别。在句（1）和句（2）中P只含有1个词，在句（3）中有6个词，在句（4）中有 3 个词；但在所有例句中P的职能不变，即只给出S所指称事物的相关信息。S所指称的事物可以是属性的主项，也可以是某个主项的属性。

当一个命题仅由S或P构成的名称组成，那么词项名称和词项一致，例如：砷是毒药，真理是强大的，弗里茨是皇帝，每个例句的词项名称和词项都一致。有些错误无法挽救，我们可以把命题主项分为两个要素，即类名“错误”和数量形容词“有些”，这两个要素共同构成词项（S）。这个男人是一个天才，我们可以认为S和P各由两个要素构成——类名（男人，天才）和数量形容词（这个，一个）。“男人”“天才”可以称为词项名称；“这个”“一个”可以称为词项指示词。在我们讨论命题的含义时，词项和词项名称的区别将十分明显。

我们能借助一些重要特征给名称做个简单而广泛的分类，这有助于指导它们作为词项使用。有些名称可以在命题中同时做S和P的词项（或词项名称）使用，但还有一些名称只能用作P。例如，我们可以说树木是按规则生长的，橡树是树木，男人是不可靠的，黑人是人，所有鸟都有羽毛，等等。但我们不能说，例如，强壮是稳定的，蓝色是脆弱的。人们会问，什么强壮？什么是蓝色？但如果说，有些人是强壮的，日内瓦库是蓝色的，就没有人问什么强壮或者什么是蓝色的了。因为很明显，这些形容词指代前面的实词。由此得知，形容词类名称（这些名称附加于其他名称）最重要的是它们的内涵（表现的特征），而不是外延。在英语里，当形容词修饰复数名词时形态不变，这也继而佐证了这一结论。同样，在德语里，作为命题的谓词的形容词不需要为了与主语保持一致而变化形态，例如：天是蓝的，书是有趣的，玫瑰是白的。我们可以把属性主项或属性的形容词做谓项，例如：正义的人是令人钦佩的，坚忍不拔是令人钦佩的。但表示属性主项的名称不能做属性的谓项，表示属性的名称也不能做属性主项的谓项。事实上，当命题的S是属性名称时，几乎只有形容词（形容词短语）能用作谓语，看看如下例句：勇气是一种美德，红色是一种颜色；以及谓项是主项同义词的例句，勇气是勇猛，我们会发现大多数命题都有一个属性：做S的名称都带有一个能做P的形容词或形容短语，如，美是有吸引力的，好脾气是令人愉快的，隐匿是令人厌恶的，英雄主义是少见的。另一方面，S有实词一般P也有实词。

因此，我们似乎可以把名称主要分为属性名称（如白色、强度）、形容名称（如白色的、强壮的）和实体名称（如男人、仙女、彼得、星期六、长腿人）。根据前文的区分，实体名称可以分为普通名称（如蜜蜂、橡树、碟子、仙女、事业）、特殊名称（如星期六、伍斯特侯爵、一点钟）、独有名称（如世界上最长的河流）和专有名称（如罗斯、本博、牛顿、斯威夫特、耐心、坚强、优雅、长子）。如上所述，这些不同的名称可以有不同的组合。

虽然许多命题的重要区别取决于词项的差别，尤其是主项词项（例如：任何以“全部”或“没有”量化的类名开头叫全称，以“某种”量化的类名开头叫特称），但只有考察了词项在命题中的位置和作用后才能确定其特质。独立的名称可以简单归类为形容词或名词等；但任何命题的词项都必须看成命题的一部分，只有这样才能明确它们的特质，而这个特质取决于事物名称的特质，例如，如果要描述“白色”这个名称，我会立马称之为属性名称；但如果“白色”这个词是词项或部分词项，那我只能说，在知道命题前无法描述，例如，如果命题是“白色是一种颜色”，那“白色”是一个属性词项；如果命题是“这个桌布是白色本身”，那“白色”就是部分形容词项

（“白色”等同于白色本身）；如果命题是“白色像死亡”，那么“白色”是部分属性词项。这种白色表示脸色苍白——同瓷器或丝绸的颜色完全相似，但不像死亡。

词项主要分为两类：（1）单独词项；（2）普遍词项。（1）类词项只能做直言命题的P，（2）类词项可以做直言命题的S或P。

所有单独词项都是形容词，他们唯一重要的区别是相对性（指在某个体系中相关对象不同复杂程度的关联性和依赖性，一类或两个相关对象的关系可以从简单到复杂）和绝对性（无相关性和依赖性）。只有了解了这种“体系”的相对词项，相比只有绝对词项的命题，人们才能在含有相对词项的命题中得到更多推论（比如*E*是*F*——绝对命题，*E*等于*F*——相对命题）；因此区别两者的逻辑很重要。数学通常包含相对词项，例如：

2+2=4（2加2等于4）；

$(a+b)^2=a^2+2ab+b^2$；

两边*BA*、*AC*等于两边*DA*、*AC*；

*A*大于*B*；

6*s*、8*d*是f_1的三分之一。

确切说，论证只是特殊例子，它由相对词项引出。所有词项可分为相对词项和绝对词项。相对词项如：像*B*，*C*前，等于*D*，比*E*羽状分裂少，比希律王更希律王；绝对形容词如：蓝色的、强壮的等。

单独词项和普遍词项的区分对应两个命题的区分：（1）形容命题；（2）巧合命题。（1）类直言命题含有一个做P的单独词项，不能转换或量化（例如，不能从“所有布须曼人都矮”，进而说所有布须曼人都有些矮，或有些矮人是布须曼人）；（2）类直言命题含有普遍词项可做S或P，可以转换或量化（例如，可以从“所有布须曼人都是野蛮人”进而推出“所有布须曼人都是一些野蛮人”或“有些野蛮人是布须曼人”）。由此可见，诸如以下命题：鲁莽不是勇气，争议是公民，塔利是西塞罗等命题的S或P不能量化，且有些R不是Q的命题不能转换。关于这个区别，在我讲到换位法时会再详细论述；当我讲到三段论时你会发现，任何三段论都不能完全由形容命题构成。

普遍词项主要分为：（1）属性词项（词项名称含一个属性名称）；（2）实体词项（词项名称含一个实体名称）。实体词项是普通、特殊、独有和专有的词项，分别有一个普通、特殊、独有、专有名称做词项（如上所述，词项名称和词项有时重合，如“拜占庭是君士坦丁堡”）。

接着（1）和（2）又可以分为（a）集合词项和（b）非集合词项，如（1）和（2）（a）坚定不移，愚蠢，所有人，一周的日子，荷马；（1）和（2）（b）他的勇气，有些残忍，一名朝圣者，几只田凫，一年中的两个月，一位犹太族长。词项也可能是定词项（如伦勃朗、所有艺术家、这位数学家、那种宽容）或不定词项（如某种公正、大多数诗人、一只知更鸟）；最后他们可能是相对的（如希腊国王、宙斯的妻子、一块面包、天使的平等、肺部充血、因饥饿而死、一周中的一天）或绝对的（如真理、恐惧、狮子、四月、艾萨克·牛顿）。

你可能会发现，许多技术词和其他词项不能做相对词项——如：纤维螺旋器、钢铁的意志、战争人物等。

相比豌豆、豆子这些用作复数的名称，金、水、数字六、半主权这些词和词符号之所以经常用作单数，是因为这些名称体现事物的内在特征，且其价值不因其他条件而改变。属性名称只在少数情况下用作复数，如：颜色、美德、质量，但属性名称可受词项指示词限制，如，许多残忍是未经思索的。

除了词项外，联项是构成直言命题的唯一部分。联项可以是肯定的，即“是”；或否定的，即“不是”。联项的作用是表达词项间的关系。关于这种关系的讨论涉及命题作为一个整体的含义，我们将在下一章进行阐述。

表1

- **名称**
  - **实体名称**
    - **专有名称**
      如：美国，温哥华岛，提西福涅，约翰·皮尔斯，玛丽，长腿之人
    - **独有名称**
      如：太阳，公元1888年，最伟大的诗人，摩根人，十二使徒，这些元素
    - **特殊名称**
      如：一周的日子，星期天，星期一~星期六，1点，2点，12点，圆锥曲线的，属，种，四月，西班牙国王
    - **普通名称**
      如：男人，仙女，全体成员，金子，年，英里，丹尼尔受审，剑桥居民，蒲公英，多足蕨属的羽状叶片，威廉·艾伦·理查森，玫瑰，知更草，硫化氢
  - **属性名称**
    如：强壮，蓝色，宪章派，动脉栓塞，献身于一项伟大事业
  - **形容名称**
    如：强壮的，蓝色的，宪章派，像火一样的红色，绝对可靠

表2

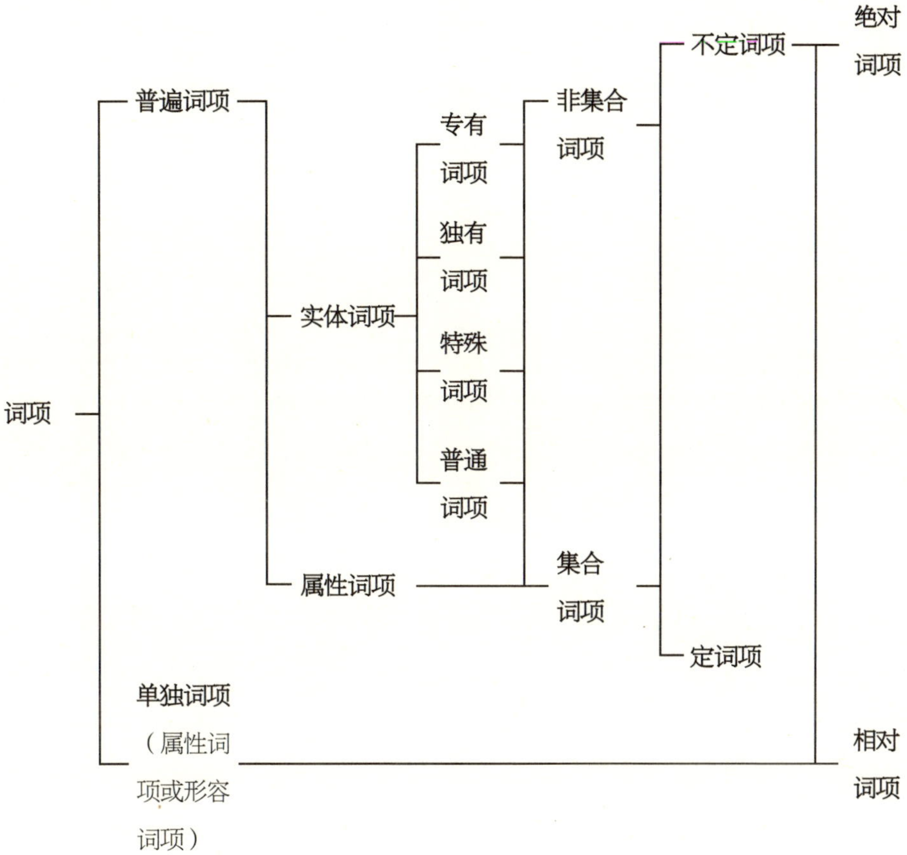
词项
普遍词项
实体词项
专有词项
独有词项
特殊词项
普通词项
属性词项
非集合词项
集合词项
不定词项
定词项
绝对词项
相对词项
单独词项（属性词项或形容词项）

第三章　作为整体的直言命题

直言命题可定义为：断言在内涵多样性中的外延一致性（差异性）的命题。这个定义可通过实例加以阐明。词项的关系（1）必须与类关系（2）相区别；（1）是两项，而（2）是五项。形式“A是A”是无意义的。在任何直言命题中，外延由主项凸显，内涵由谓项凸显。直言命题可细分为类，类可用列举法说明。

直言命题表。

直言命题可定义为：断言在内涵多样性中的外延一致性（差异性）的命题（如前文所述，对存在事物的词项外延，对事物特征的词项内涵）。

在命题“雪是白色的”中，“雪”和“白色的”两者外延相同——称之为“雪”的对象和称之为“白色的”对象两者相同：白色的就是雪——P的外延受限于S的外延。

但“雪”和“白色的”两者内涵不同——这两个词表现出不同的特征和品质，因此定义不同。在命题“邦斯是我兄弟的狗”中，“邦斯”和“我兄弟的狗”指代同一个四足动物，但两个词内涵不同。在命题“那棵树是橡树”中，“那棵树”和“橡树”指代同一个对象，但两个词项内涵不同。

类似的还有：

天空是多云的；

耐心有时是有必要的；

孩子（Famciullo）是意大利语的孩子；

我的头是痛的；

……

每个命题的S和P指代同一个对象——两者完全相同；每个命题的S和P的内涵不同——每个例句中P的特征和S的特征不一样。

再有：

所有狮子都是四足动物。

“所有狮子”和“四足动物”指代相同的对象；我所断言的四足动物，仅仅是指作为四足动物的狮子，不含其他动物。所有其他四足动物，如，老虎、牛、豺狼等都不是狮子。P指代的四足动物和狮子数量相同，是和狮子完全一致的。但所有狮子和四足动物的定义不同，各有不同的特征。

或者如果说：

有些鸟蛋有斑点。

“有些鸟蛋”和“有斑点”，虽然两者内涵不同，但指代相同的对象——我所断言的有些有斑点的鸟蛋，范围只局限于指代的那部分鸟蛋。如果说它有，它指的是所有有斑点的事物，撇去“斑点”词项因所处命题位置而具有的局限性。更进一步说，如果“所有有斑点的事物”是“有些鸟蛋”的谓项，那么联项就只能是“不是”，而非“是”。

再有，如果谈及伦勃朗的三幅作品：《守夜人》《犹太教徒》和《他母亲的画像》时，我会说：

这些画是伦勃朗的杰作。

“这些画”和“伦勃朗的杰作”指代同样的对象，也就是说，我刚刚提到的这三个名称。当然，命题中P表现的特征和S表现的特征不一样。

比如：

命题“5+7=3×4”（=任意5+7等于任意3×4）。

S的外延（任意5+7）和P（等于任意3×4）的外延相同。如果外延不相同，如果“等于任意3×4”的外延范围更大或更小，或有其他任意与“任意5×7”的不同之处，联项就会是“不等于”。由于我们没有可想象的依据来断言S的P，因此两者在内涵上的区别，即它们的定义不同。

命题“没有玫瑰不带刺”（=任何玫瑰不是不带刺）。

主项（任何玫瑰）与谓项（不带刺）内涵不同，且两个词项外延截然不同。

再有命题“有些花不香”。

S（有些花）和P（香）内涵不同，外延也不同，即S和P指代的对象都不同。

因此，“勇气不是鲁莽”“科林伍德不是我表亲”这两个命题的S和P的外延和内涵都不同。

如果我们用最简单的直言命题（肯定的或否定的）来表示，很显然上述定义和分析适用于此直言命题。若S是P，则外延相同，S和P的内涵不同；P与S所指代对象相同；但P的特征与S的特征不同。若S不是P，则S和P外延不同且内涵不同。

这可以用图2表示：

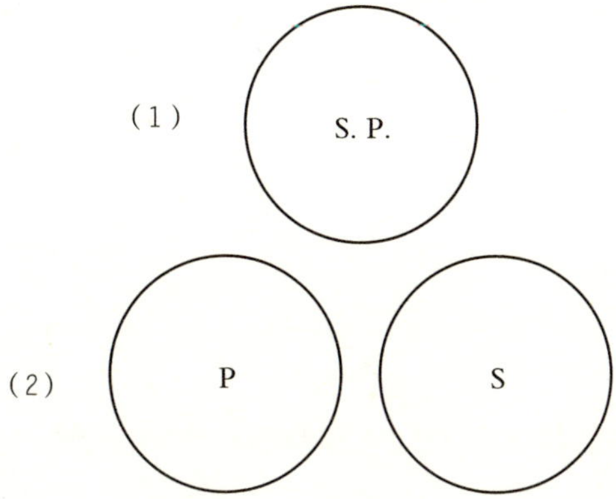

图2

S是P（1）和S不是P（2）代表了所有可能出现的直言命题。因此，任何肯定命题的P必须与S的外延相同；在否定命题中，P必须与S的外延不同。有普通（类别）名称做词项的命题或其他所有情况下，这一分析结论不变；S和P在任何情况下其外延相同或不同。例如：命题“所有R是Q”，“所有R”是主项，“Q”是谓项，“所有R”（无论是什么）指代的对象与Q（无论是什么）所指代的相同。否则就应该说“所有R不是Q”。同样，命题“有些R是Q”，“有些R”是主项，“Q”是谓项，主项和谓项虽然不同，但在任何情况下外延相同。命题“没有R是Q”（等于说任何R都不是Q）好比是“有些R不是Q”，主项和谓项外延和内涵都不同。

在这种命题里，词项名称类别间的关系与词或指代物间的关系明显不一样。后者的“关系”只有两种，两个类之间的关系可以有五种。

例如，如果用R和Q代表两个类别名称，它们的外延关系可能有以下几

种：（1）R与Q完全相同；（2）R包含于Q；（3）R包含Q；（4）R与Q交叉；（5）R与Q全异[1]。（见图3）

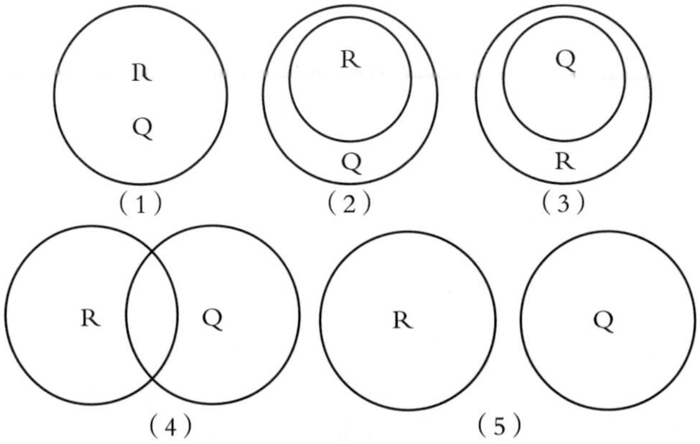

图3

在以上给出命题中，“所有R是Q”可以用（1）或（2）表示；“有些R是Q”可以用（1）（2）（3）或（4）表示；“有些R不是Q”可以用（3）（4）或（5）表示；“没有R是Q”用（5）表示。这四类命题分别称为A（全称肯定）、I（特称肯定）、E（全称否定）和O（特称否定）。按命题的量分为全称和特称；按命题的质分为肯定和否定。

进一步的考虑对于讨论直接推理（演绎）应用于类命题十分必要。

通过论述A是A和A不是A两种形式，可以对直言命题进行证实。虽然通常认为“A是A”有意义，但严格来说，“A不是A”与Aa、圆-方或其他任何复杂矛盾有相似的基础，因为当否定联项断言S和P的不同或其他性质时，其内涵的相似性包含同一性。因此“A不是A”是一种自相矛盾的形式（与

[1] 参见凯恩斯《形式逻辑》第二版，第二部分第六章。

“A不是A”一样，联项断言同一性，词项包含其他）。但“A是A”需要更多检验，因为人们普遍认为它有意义，且有重要意义。我们要问，这种形式的表述对应或表达什么思想、什么真相或什么断言？

我们来造一个以A为主的“A是A”例句，如：“白色是白色”或“这棵树是这棵树”。在使用这些词语形式时，要如何超越“白色”“这棵树”这些词的表达？“白色”和“这棵树”应该分别是“白色”和“树”，这似乎不是一个重要的断言，而是所有重要断言的前提。如果在感知白色或思考这棵树时需要断言，“白色是白色”或“这棵树是这棵树”，那我是否也需要对S和P分别断言句子呢？这一过程要进行到何种程度？如果需要断言词项的同一性，那是否也需要断言联项？如果需要声明“白色是白色”，那是否也需要声明“是”是“是”？除非我们从一开始就承认，词项和联项具有简单而确定的固定意义，否则就无法继续。但有时还是会使用“A是A”形式的句子，且认为其有意义。举个例子，如“卡片是卡片”“人总是人”“交易就是交易”。这些句子都是重复且无意义的，但在使用或解释时把S纯做外延，P纯做内涵，从而在重复的语句表达上赋予意义。例如最后一句，它的意思可能是：交易是必须坚持执行的，但并无法通过“A是A”这个陈述明确表达出来。

直言肯定的两个词项不能仅限于外延，如果是这样，每个“S是P”都必须简化成“S是S”，因为S和P对相同的对象有相同的外延。它们也不能仅限于内涵，同样地，如果是另一种情况，每个命题都会变成“S是S”这种形式——因为任何S的特征都不能断言与P的特征不同。而且直言否定只有可能是“S不是非S”形式，这与“S是S”一样没有意义。

在任何直言命题中，外延由S充分体现，如S和P之间的同一性或非同一性由联项体现；而内涵的多样性在表达P后体现。对于任何直言断言，首先我们要知道，是什么东西被肯定或否定。这由S指代的事物来体现；其次我们要知道，由S指代的东西被肯定或否定成什么，这由S体现（通过它的内涵）。很明显，P的外延在肯定命题中与S相同，在否定命题中与S相反（如“我兄弟的狗是一只獒犬”“我兄弟的狗不是一只大猎犬”）。因此，任何命题的P突显的都是内涵，而非外延。

这里对本章论述的内容进行总结：直言命题指的是外延的完全同一性和完全差异性（不同），内涵的多样性即肯定命题中P与S指代事物外延相同，但S与P所指代事物的特征不同。肯定联项指的是同一性，且可以是存在（或外延）的同一性。同一性只能通过多样性表达或理解（特征的不同）。我现在写字用的铅笔可能与我昨天用的铅笔相同，但它之所以可以看作“同一”，是因为它具有某种存在的永恒性。事实上，一件事物必须具有某种永久性，这似乎是其存在的必要条件。在否定命题中，若P与S外延不同，内涵也不同。

下面，我们说一下直言命题的分类。

所有直言命题首先可以分为巧合命题和形容命题，后者P含有一个单独词项。巧合命题和形容命题有相似的细分。主要分为：（1）整体；（2）部分。整体和部分细分为属性、专有、独有、特殊和普通命题（见表3）。整体命题可以是单数或复数；在后者中，专有、独有和特殊可区分为普遍命题（如：所有道森·威尔金家的人都到了，包括所有美惠女神，一周所有日子都安排好了）；而主项含有普通名称的复数整体命题是全称命题（如：所有榛子都在九月成熟，所有松鼠都很顽皮）。还可以做进一步区分和细分，与逻辑学相关的定命题和不定命题，相对命题和绝对命题，集合命题和个别命题。那些树老了，不是所有花都在一个花环上，这是定命题；1先令值12便士，有些成熟的果实是酸的，这是不定命题；一年有四个季节，这是相对命题；吠犬极少咬人，这是绝对命题；一年有四个季节，这是集合命题；有些成熟的果实是酸的，这是个别命题。

表3给出的划分以及定命题和不定命题，是根据主项的性质命名的。相对命题指每个词项都是相对的；绝对命题指两个词项都是绝对的。之所以取集合命题是因为P与S外延相同（如：三角形的所有角之和等于两个直角）；而在分配命题中，P可由主项代指类别的所有或部分内容断言（如：三角形的所有角都小于两个直角）。

最后是肯定直言和否定直言的普遍外延的区别，这取决于联项的肯定和否定的质。

使用上的差异（取决于与其他命题的关系）与上述不同形式直言命题的差别有关。当谈到间接推理和直接推理时，这些区别会十分明显。例如，仅从它们就能推断出全称命题和特称命题的外延。而要通过推论（间接或直接）得到一个全称命题，就必须从一个全称命题开始；要得到一个普通命题，就必须从一个普通命题开始，等等。同样，每个表达“归纳”论点的直言三段论（通过特殊事例建立新定律的一种论点）都有一个含大前提和结论的全称命题。当普通命题和相应的特称命题转换时，通过转换得到的新命题的谓项，必须具有与其旧命题（转换的）的主项相同或等价的指示词，例如：命题“我所有的学生都通过了”转换成“那些通过的是我的学生”；

“行星是有椭圆轨道的天体”转换成“有椭圆轨道的天体是行星”；“伦勃朗的一些图是杰作”转换成“一些杰作是伦勃朗的图”。在类似这些的例句中，省略新谓语的指示词将完全改变命题的职能。

表3

- **直言命题**（巧合命题和形容命题）
  - **部分（或特殊）命题**
  - **整体命题**
    - **实体命题**
      - **普通命题**
        如：所有的人都会遭遇不幸；所有的花都不在同一个花环里；一些橡树是常青树
      - **特殊命题**
        如：一周有七天；种概念包括属概念
      - **专有和独有命题**
        如：克里顿·布朗一家有一个人没回来；所有哈灵顿人都去瑞士了；詹姆斯·梅里维尔病了；所有的使徒都是犹太人；美惠三女神之一是塔利亚
    - **属性命题**
      如：虚伪是可憎的；有些善意是错误的；这种正义很少实现

第四章　相对直言命题

区别相对命题和绝对命题的特点是：在这两项(S和P)的相对命题中，例如：D等于F，A类似B，一项适用于某一事物或一组事物，另一项则表示该事物或一组与另一事物或一组的关系。因此，若一个人了解整个体系所涉及的内容，那么比起绝对命题，他或许能从相对命题中推出更多结论。公式和相对论证都能用三段论来表示。数学命题是相对命题中最重要的命题之一。数学命题中的Copula =（定义联项）应理解为等于（即在数量上完全相等）。而由于一个事物不能说与它自己相等，所以数学命题的各项(把“=”当作定义联项)必须有不同的应用，即必须应用于数值上不同的事物。因此，数学命题的各项只有在具有最抽象的应用时才能被量化。也就是说，只用于一般数字，而不是某个特定对象。

我在前文提到了所谓的推理和相对词项的联系——指代某个“系统”的词项。S或P或两者都包含一个这种词项的命题，除了可以像绝对命题一样以同样的方式通过普通的直接推理（推论）得出以外，还能向任何熟悉这种“系统”的人提供其他直接推理，这些推论只能由了解“系统”的人得出；

另一方面，指代对象不需要任何知识，只要知道其在父辈系统中的位置，这种知识便在多数情况下与智力并行。例如：空间中物体大小的关系，连续时间的关系，家庭关系，数字关系等。

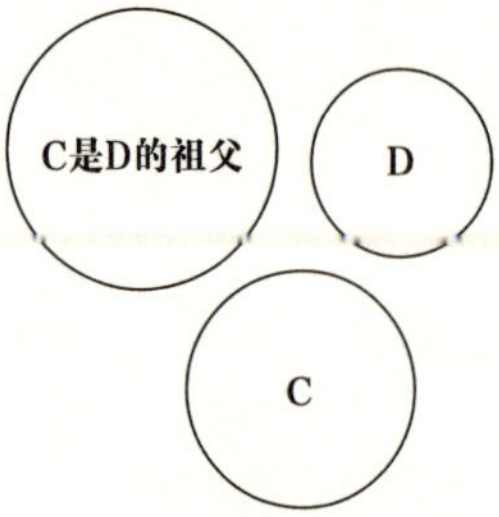

图4

由以下命题：

C是D的祖父（见图4）

得出：除了可以从绝对命题中推论（D的祖父是C，不是D的祖父不是C等）外，任何对家庭关系有基础认识的人都能进一步推论（见图5）：

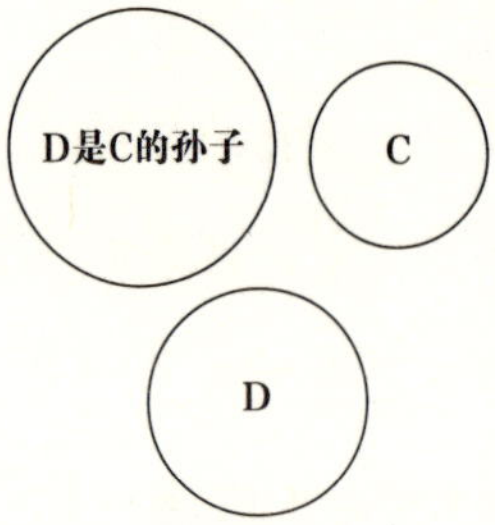

图5

D是C的孙子；

D的父亲或母亲是C的孩子；

D的孩子是C的曾孙等。

由C等于D（除了等于D的是C，没有不等于D的是C等），可以推论（见图6）：

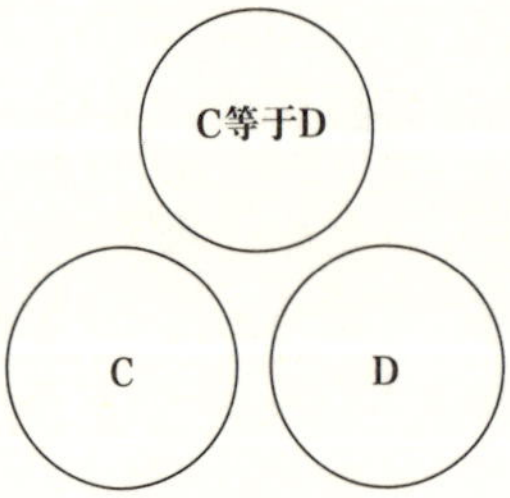

图6

D等于C；

C不少于D；

D不大于C；

C不大于D。

任何大于C的也大于D，等等（由D推论对C的比较）。

在以上每个例子中，我们不像处理绝对命题那样处理一个对象或一组对象，例如（见图7）：

所有人都会死；

拜占庭是君士坦丁堡；

这只鸟是一只云雀；

……

图7

我们现在除了考虑S和P外延的同一性，还在考虑两个对象数值的不同，即C和D。我们看到，每个命题的S和P外延相同；但考察这些词项（被理解时）我们知道，每种情况关心的事物（两个属性的主项或两个属性）都以某种方式相联系，但最后给出的例子却没有体现。在每个给出的相对命题中，S的谓项指代S与另一个对象的联系，我们能把其他对象和谓项看作与第一个对象的关系。当有两个相对命题做前提时，我们可以考虑三个不同对象以及它们之间的关系；而连接点可能在其中的一个对象上，且另外两个对象与之相关。

这些讨论解释了数学和当然推论等论点的不同性质。每个论点可以（或多或少）用直接推理（推论）、严格三段论或两者结合来表达。这些命题通常用缩写形式明确体现系统原则和定律，且一般是隐含命题。例如：命题（有四个词项）

A大于B；

B大于C；

A大于C。

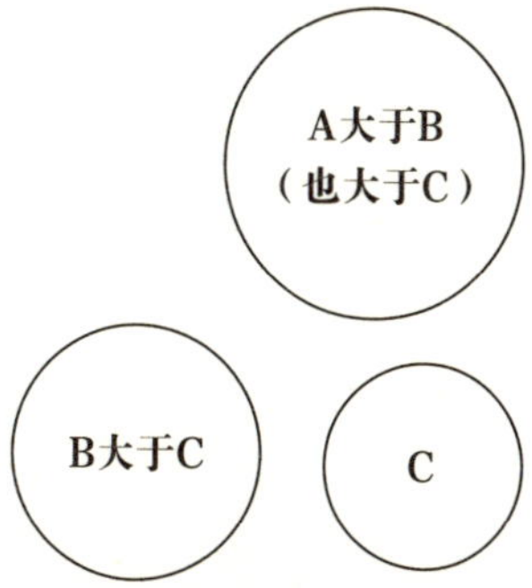

图8

推理可用条件三段论表示（见图8），因此：

如果任何事物A大于第二事物B，B大于第三事物C，则事物A大于第三事物C；

这件事物A大于第二事物B，B大于第三事物C；

这件事物A大于第三事物C。

当然，这个条件三段论可能因不符合条件简化为直言形式。相关命题中最重要的是数学命题和量化命题，问题是，什么是词项指示词？联项“=”的作用是什么？

如：(a) 2+3=6−1

Ⅰ. 首先取“2+3”和“6−1”为指定单位（如苹果、线珠），取“=”表示等于，与“2+3”和“6−1”构成3个单位。6个单位减1个单位读（a），主项分配为：

任意（2+3）=某个（6−1）（即任意2+3等于某个指定单位6−1）

我们显然无法得到：

任意（2+3）=任意（6−1）

因为这个情况下，谓项指代的对象与主项指代的对象相同，不能使用联项“=”，不能说一件事物等于它本身。

如果，把S和P集合[1]起来，我们可以把（a）作：

所有（2+3）=所有（6−1）

这种情况下：

所有（1）=所有（1+2+3+…到无穷）

无论如何分组，所有集合1包含所有单位。

[1] 集合概念由蒙克提出，《逻辑导论》第19页。

再有，如果把1、2等统称为所有的1、所有的2等，就可能得到：

1+1=1（参照布尔的方案）

1+1+1=1

1+1=1+2+3+…（到无穷）

等等。但这种说法在数学上是不可用的，这里的联项“=”不合适。

然而，如果2+3=6−1意味着：

任意（2+3）=某个（6−1）

因此产生的困难是，简单转换将（通常同词项“=”外延）得出命题形式：

某个（6−1）=任意（2+3）

我们讨论过无效命题：

任意（2+3）=任意（6−1）

我们可能得到：

某个（2+3）=某个（6−1）

或

这些（2+3）=那些（6−1）

但这里给出的数学命题没有普遍性。

如果我们把“=”当作“等于”或“同一”（等于是或等于），那么就能说：

任意（2+3）=任意（6−1）

且将是全称命题，可以转换并恰当表述。

若处理的是不同价值的指定单位并且彼此间有固定比率，那联项“=”

就一定只表示等于。

如：240便士=1英镑

这里用“=”分割的两个元素不同一，这个命题意味着：

任意240便士是某个等于1英镑的事物。（见图9）

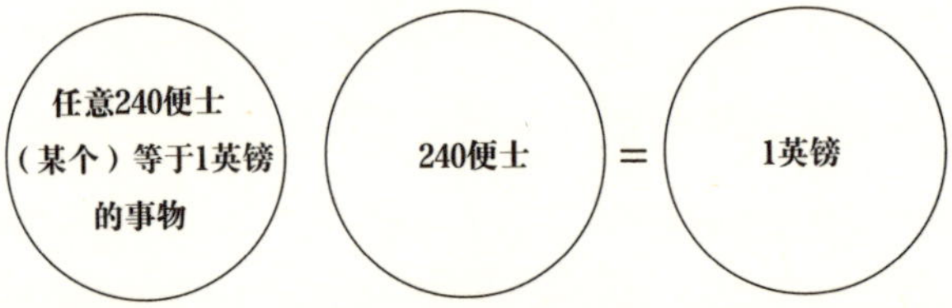

图9

Ⅱ. 然而，如果不表示任何指定单位，而把题中的数字看作一般和抽象的外延，则：

2+3=6−1

表示：

数字（2+3）=数字（6−1）

未出现前文所述困难。因此理解为：

任意（2+3）等于任意（6−1）（见图10）

（等于表示量化上完全相似，而同一表示完全一样的事物。因此，一个事物等于某个其他事物，同一于它本身。）

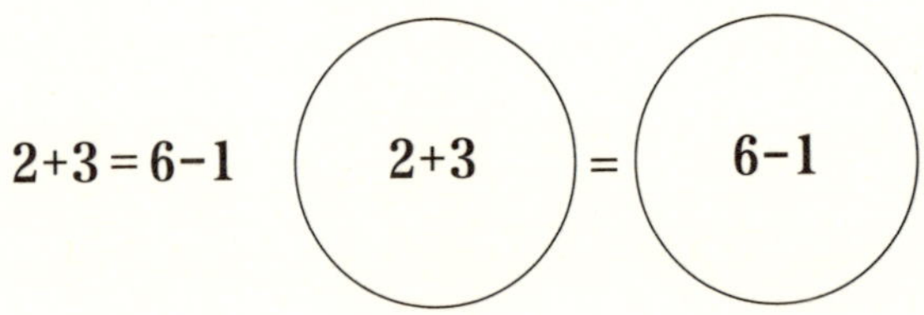

图10

第五章　推论命题

推论命题是命题“如果A，则C”的形式，并表示前件和后件的关系，前件体现或表达的特性推断出后件体现或表达的特性。推论命题可以是假言命题，或条件命题。假言命题指两个（表达或体现的）直言命题（直言命题组合），一个（前件）推理出另一个（后件）。条件命题指断言一个用类名称表示的对象并以某种特定方式区分，可以进一步推出其他区别。推论命题可用直言命题形式“C是A的推论”来表达。假言命题，要么自我包含，要么引用。条件命题分为分命题或准分命题。

推论命题表。

推论命题的形式：

如果A，则C；

如果E是F，则E是H；

如果E是F，则G是F；

如果E是F，则G是H；

如果任意E是F，则E是H，等等。

如果E是F，如果任意E是F，这是前件A；则E是H，则G是F，则G是H，则E是H，这是后件C。

推论命题可定义为：表示前件与后件之间关系的命题，后件表达或体现的性质是前件表达或体现的性质的推论。

推论命题可分为两个不同类型，分别为：（1）假言命题；（2）条件命题（参见凯恩斯《形式逻辑》第2版，第64、65、67页）。

（1）和（2）不同的是，A和C都表达（体现）一个完整的直言命题，如：

如果你是对的，那他就是一个好人；

如果E是F，则E就是H。

假言命题的A和C是相对独立的断言，但条件命题的A和C是相对不完整的断言。如：条件命题“如果任意一朵花是鲜红色的，那它（=那朵花）是无味的”。如果孤立地断言，命题的A“任何花都是鲜红色的”等于“所有花都是鲜红色的”，但这不是前件的含义。而后件“那朵花是鲜红色的”，显然指前面代指的花，它本身并不完整。（参考：如果有紫罗兰是鲜红色的，它就是无味的）

条件命题可定义为：一个命题，它断言已有名称所指代类别的任意成分，并以某种方式区别，则能进一步推导出其他区别。

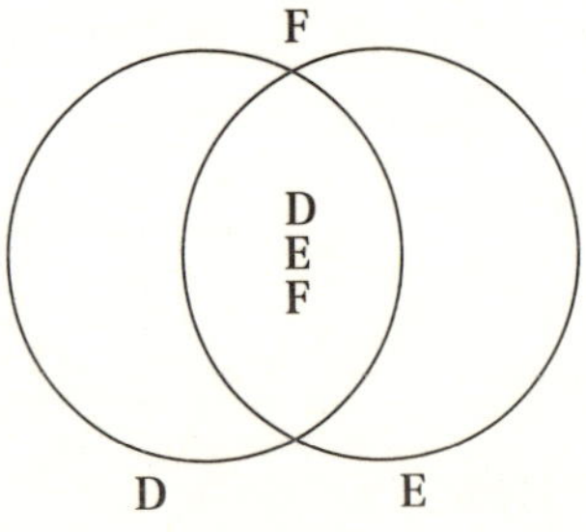

图11

区别于假言命题，D是E，则D是F（见图11），这是最简单明确的条件命题，例如：

如果你扣动扳机，它就会开枪。

简化为：

如果你扣动一把枪的扳机，它就会开枪。

如果他告诉你任何事，它就是真的。

简化为：

如果他告诉了你一件事，则这件事是真的。

假言命题可定义为：一个命题，其中两个（表达或体现的）直言命题（直言命题的组合）以某种方式相结合，以表示一个（后件）是另一个（前件）的推论。

可以看出，这种推论关系只能在相异但不矛盾的命题中出现。

推论命题的含义可大致在相对直言命题中体现，如：

如果E是F，则G是H可表示为“G是H”是“E是F”的推论

这个命题可与这样一个命题相比较：

E大于F

两个例子中，两个不同的元素（G是H——E是F——E-F）具有特定关系；两种情况下，除了能从所有直言命题中推导出的命题外，还能推导出一些新命题。以下是等价推论命题和直言命题的例子：

如果你失望了，那么我很抱歉；

如果所有人都是完美的，则所有人都不会犯错；

如果有鸟是画眉鸟，那它就是有斑点的。

（1）=“我很抱歉”是“你失望了”的推论；

（2）=“所有人都不会犯错”是“所有人都是完美的”的推论（完美的生物不会犯错）；

（3）=“鸟是有斑点的”是“有画眉鸟”的推论。

（4）也可以作绝对直言命题，如：

任何画眉鸟都是有斑点的。

假言命题可分为：

图12

（1）形式假言或自含假言命题——后件是前件本身的推论，如：如果所有R的是Q的，则一些R的是Q的[1]（见图12）。

（2）引用假言命题——后件不是前件本身的推论，而是前件与其他未表达的一个或多个命题的推论。它们可以只指（a）一个未表达的命题，如：

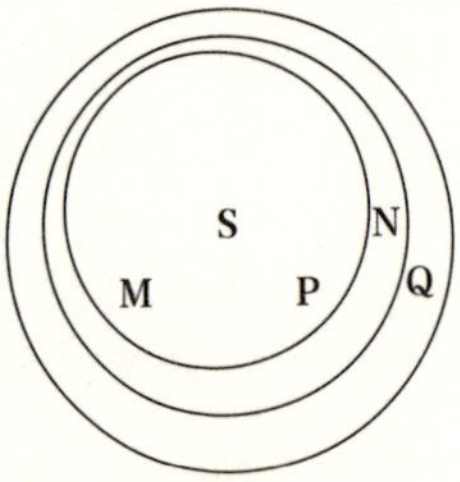

图13

如果M（这些N）是P（一些Q），则S是P（因为S是M）（见图13）。

或指（b）多于一个未表达的命题，如：

如果绳子没断，就一定已经解开了。

假言命题的这种解释涉及这一种观点，即假言命题的词项外延相同，无论是直接如（1）还是间接如（2）。如最后给出的例子，全部隐含推理可如下（见图14）：

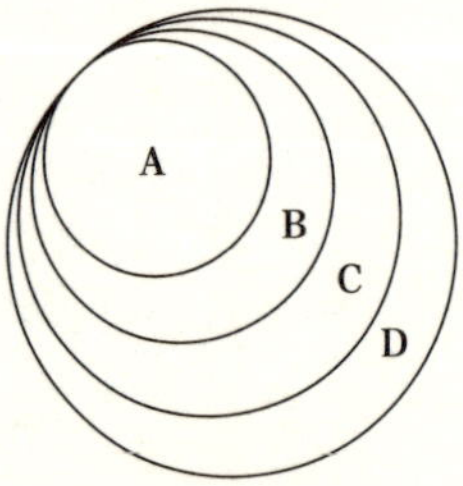

图14

那根绳子（A）把分开的攀登者（B）绑在一起；

绑住分开攀登者的绳子一定散了（C）；

散了（C）一定是因为坏了或绳结散了（D）；

[1] 这类假言命题是不证自明的，若是否定它们，陈述起来就会自相矛盾。

所以那根绳子（A）一定坏了或绳结散了（D）。

再有命题（见图15）：

如果继续工作，他就不会康复。

推理如下：

如果继续工作，就会有很大的噪声；

如果有很大的噪声，他就会被打扰；

如果他被打扰，他就无法入睡；

如果他无法入睡，他就会死。

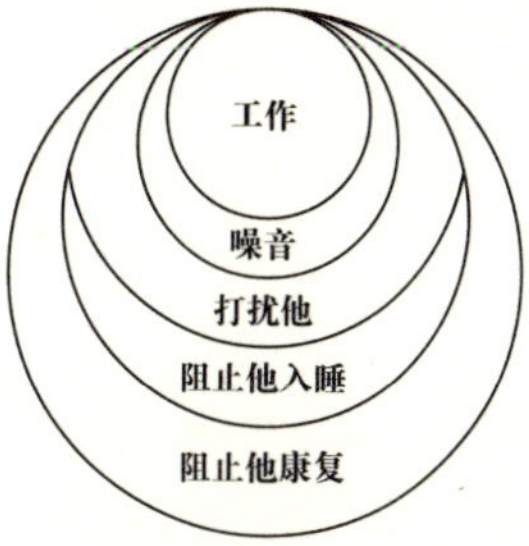

图15

条件命题可分为如下两种：

（1）分式条件命题。

它断言，如果特定类别的任何部分经推论不属于S（前件名称）的细分，则推论出属于P（后件名称）的细分，如（见图16、图17）：

如果有鹅不是灰色的，则它是白的；

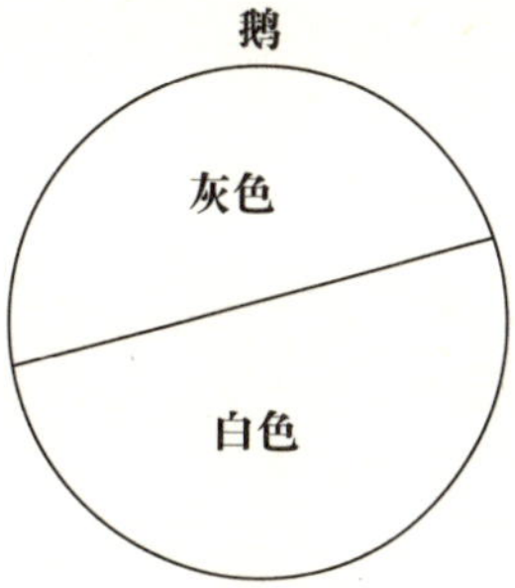

图16

如果有贵族不是公爵，则他一定是侯爵、伯爵、子爵或男爵。

（这些命题对应并派生于分式选言命题，也可以简化。）

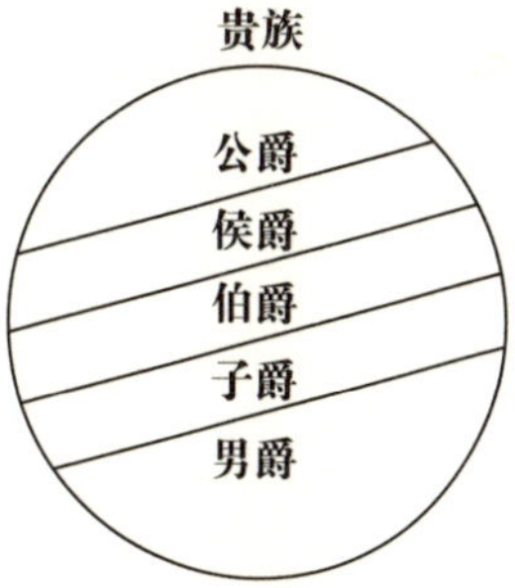

图17

（2）准分式条件命题。

在这类命题中，前件S和P的词项名称组合而成的类，由后件P表示的类别指代；但前件和后件的谓项不表示（如分式命题）前件主项所表示的完整分类。

以下是（2）的例子（见图18）：

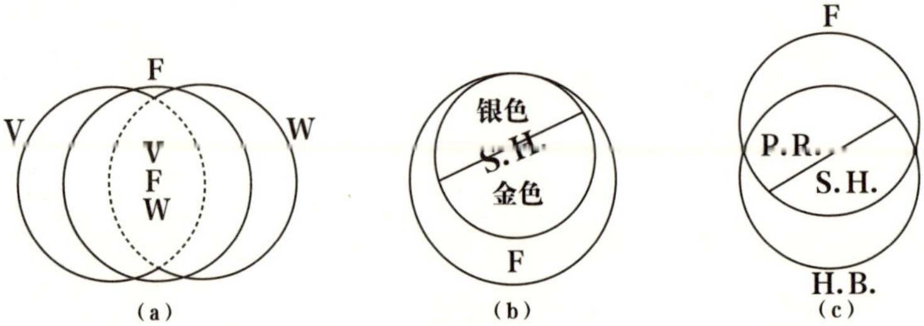

图18

（a）如果有紫罗兰是白色的，则它是无味的；

（b）如果有鸟是斯班格汉伯鸟，则它是银色或金色的；

（c）如果有鸟是普利茅斯洛克鸟或斯班格汉伯鸟，则它是汉森鸟。

（都不能不考虑词项作用，仅凭分式命题形式来判断分式命题或准分式命题；但若知道词项内涵和外延，相较其他命题能从条件命题得出更多推论。如：从上文给出的两个分式命题能得出鹅类别和贵族类别的完整分类。）

在一种情况下假言命题和条件命题区别明显，即两类中任一命题做三段论的主前提，而这个三段论含有次要直言命题和结论。

通过假言命题得到：

如果A，则C

A（或不是C）

C（或不是A）

如果，如：

A=诚信不是最好的政策

C=人生不值得拥有

可得到三段论：

如果诚信不是最好的政策，则人生不值得拥有

诚信不是最好的政策（或人生不值得拥有）

人生不值得拥有（或诚信不是最好的政策）。

表4

- **推论命题**
  - **条件命题**
    - **准分命题**
      如：如果有花不是鲜红色的，那么它是无味的
    - **分命题**
      如：如果有鹅不是灰色的，那么它是白色的
  - **假言命题**
    - **引用假言命题**
      如：如果所有N的都是Q的，那么所有R的都是Q的；如果所有人都不仅是动物，那么他们是精神存在；如果A是B，那么C是D
    - **形式（或自含）假言命题**
      如：如果所有R的都是Q的，那么一些R的是Q的

但把条件命题做主前提，不因前提简单肯定A或否定C，也不因结论简单肯定C或否定A；但给小前提和结论带来一个新词项作主项，如：

如果一个城镇有一座大教堂，那它就是一座城市

赫里福德有一座大教堂

赫里福德是一个城市

一个具体的三段论有一个条件命题主前提和直言命题小前提，结论可以简化（虽然简化可能很麻烦）为这种形式：

如果有D是E，则D是F

XD是E（或SC不是F）

XD是F（或XD不是E）

任何条件命题真正的前件S通常是不定全称命题——S（小前提和结论的名称）一般有定（特有）词项指示词（如这个、那些），或与S（前件的名称）不同的一些属性。可以有这样一种形式的三段论：

如果有D是E，则D是F

一些D是E

一些D是F

但这种情况很少见。

第六章　选言命题

选言命题的形式是“非C或A”。选言命题可具有某种非排他性元素，但也必须具有某种排他性元素，否则就没有选言支。绝对不排他的选言命题形式是“A或A”。选言命题的命题含义一定有不同之处（否则就没有选言支），并且具有排他性；但选言命题可同时为真，此时具有非排他性。当选言命题的选言支具有非排他性，内涵必须具有某种排他性。选言命题可定义为：一个命题具有多个互相关联的不同元素（用“或”连接，称为选言支），因此不能否定全部元素，因为否定一部分便肯定了其他部分。选言命题可能是条件、形式、包含或偶然命题。

选言命题表。

选言命题有以下几种形式：

（1）S是Q或T；

（如，任何黄玉都是粉色或黄色的。）

（2）D是E或F是G；

（如，必须尽快恢复或我们必须放弃希望。）

（3）X或Y是P；

（如，科林或罗宾来了。）

（4）X是Q或X是T；

（5）P是S或S不是P。

一般与（2）用相同的形式表达（当使用重要词项时）而非用代词替代，这是为了避免第二个选言支中重复使用第一个选言支的主项，如：不能说（a）总统会来这里，否则总统一定是生病了，应该说（b）总统会来这里，否则他一定是生病了；但（a）和（b）意思完全相同。然而，我们不能用（4）的形式表达（2）。

而且我们不能把（1）变成（4），“任何黄玉是粉色的或任何黄玉是黄色的”不能表达（1）的意思，而应该是“任何黄玉是粉色的或（不是粉色）黄色的”（见图19）。这种形式的选言支对应条件命题，其中选言支不表示不明或不确定，而只表示给出类别下任意或每个部分的细分组成。同样，在这些选言支中，我们发现命题两部分的相互依赖关系比相应的推论命题更突出。（3）和（2）没有很大区别；（3）不改变作用可以表达成“X是P或Y是P”，但由于表达不宜过长以免妨碍理解，通常用省略形式（3）表达。

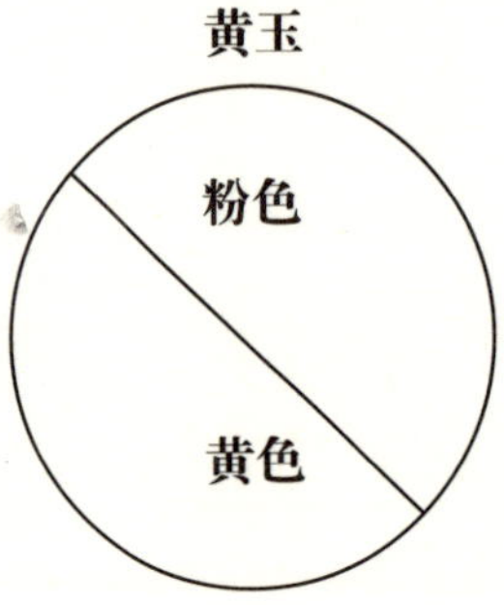

图19

当（4）的X是普遍词项时，选言命题可称为归类，因为前件和后件共有的主项作为选言支下属的一个类别，指代前件和后件的谓项，如：所有人都是精神存在或只是动物。（5）类选言命题可以称为形式命题或自含命题（参见，凯恩斯《形式逻辑》第2版，第40页）。

非形式命题、归类命题或条件命题的选言命题可称为条件式命题，如：这些戏剧的作家是培根或莎士比亚；A是B，或C是D。所有形式、归类和选择性选言支都归结为假言命题。

我们注意到，“或”有时替代“和”以避免表达模糊，如：所有红色或黄色封面的书都将在摩洛哥装订。如果说“红色和黄色”意思会表达不清。这个命题在意义上不是选言支，而是省略简单连词的直言命题即：

所有红色封面的书都将在摩洛哥装订；

所有黄色封面的书都将在摩洛哥装订。

选言命题必须具有一定排他性，否则就没有真正的选言支；只要选言支绝对不排他，选言支就是形式“A或A”，就只表示“不超过A”。当选言支的元素是命题时，命题（这里没有选言支）的意思会有些不同（不论多小）且没有排他性。但选言支可以都是真，且无排他性，如命题：

XY是个无赖，或XY是个傻瓜。

这里有一个不可或缺的排他性元素，即内涵的不同。但也不可否认无排他性的可能性，XY的两个谓语都可能是真。当选言只是词项时，外延可能无排他性，但内涵或性质必须有一定排他性，如：任何选民都是户主或纳税人，户主和纳税人的外延有一定重合。但两个词项的内涵不同，因此它们的定义不同，一个的内涵与另一个的内涵不同。

不可否认，只要任何选言支不能简化为一个严格的排他形式，选言支就不存在了，就像“S是P”，如果P能表达S，断言的内涵将会消失。

选言命题可定义为：命题中多个不同元素（由选言支“或”连接）相关联，不是所有元素都能否定，因为否定部分元素可证明肯定其他元素。

惠特利评论道，一个假言命题是由联项（连接词）连接的两个或多个直言命题（《逻辑元素》第67页，第9版）。这个定义若没有限制，会把许多通常不认定的假言命题囊括进来。但我这里提出来，是为了强调直言形式命题是基础：假言命题、条件命题和选言命题的元素是直言命题或准直言命题。可以说，所有逻辑学与直言命题和它的组合有关，但一般不这样说，逻辑教科书更不会引用这种说法。

表5

选言命题

- **偶然选言命题**
  如：A是B，或C是D
- **包含选言命题**
  如：所有人都是精神存在，或仅仅是动物
- **形式（或自含）选言命题**
  如：S是P，或P不是S；A是B，或A不是B；一些R的是Q的，或一些R的不是Q的
- **条件选言命题**
  如：任何鹅都是灰色的或白色的；任何花都是无味的或非鲜红色的

第七章　量化[1]和变换，以及“一些”的意义

量化是指在谓词名是类名的情况下，在谓词名之前引入一些数量的形容词(通常是“全部”或“一些”)。并非所有的谓词在思维里都是自然的量，并在语言里都是明确的量。但量化是范畴转换的一个必要阶段。从第一章所表明的范畴意义来看，共同范畴的量化始终是成立的，但只能作为一个转换阶段。通过思考O命题的传统逻辑，证实了量化的观点。在量化阶段，命题的特殊力量和意义主要取决于“某些”的意义。将“某些”定义为“有一些但不是全部”，“至少有一些，可能是全部”，或“不是全部”，都无法令人满意。最好的说法或许是，“一些R”表示R的不确定数量或数字。从“一些”的含义来看，用“一些”来量只是让各项显得不确定。总的来说，量化的功能似乎只是突出谓词的应用部分。

在进行直接推理前，我们首先要考虑一下A、E、I、O形式的普通类命题的量化问题。这类命题通常在主项而非谓项上有些量化符号，并有一个量化主项和非量化谓项。一些逻辑学改革者认为，所有谓项在思考时自然量

[1] 量化（1）、谓项（2），这里是指谓项的量化（1）、（2）是量化谓项。

化，在表达时明确量化。这种观点似乎并未经过仔细考量，也未经证实；但经过仔细考量就会发现，量化是一种不可或缺的转换方法。

图20

量化在逻辑学中的位置十分奇怪，它的功能通常隐藏于转换过程中，就像一辆火车在瑞士阿尔卑斯山的一个环形隧道中的运行过程，观察者只能看到火车驶入洞口，几分钟后再次出现于另一端，只看到火车在上面或下面。用一个普通命题在转换中的变化来充分解释我的意思，命题（见图20）是：

“所有人类都是理性的”（1）

它的普通逆命题是：

“一些理性的生物是人类”（2）

或

“一些理性的生物是人类的（3）”

（3）这个逆命题可能更好，因为（1）和（3）的P都有形容词项，而（2）的P有实体词项。（1）和（3）都是形容命题，（2）是巧合命题。形容命题不能转换。如果改变（1）中S和P 的相对位置，说“理性的是所有人类”，显然逻辑意义上没有发生转换。因为“理性的”还是谓项，“所有人类”还是主项。（1）即保留形容形式不可能发生任何转换。但它可能以相应的巧合形式出现：

“所有人类都是理性的生物”（4）

这种形式就可以转换。但它和形容命题（1）一样，也不能直接转换。

如果改成："理性的生物是所有人类"，除了表达不流畅和概念模糊外，也无法得知哪个词项是主项，"所有"可能还会理解为限定（量化）"理性的生物"。

从非量化巧合命题（4）变为量化命题，这是转换的第一步：

"所有人类是一些理性的生物"（5）

从这里我们进一步转换为量化逆命题：

"一些理性的生物是所有人类"（6）

从（6）转换为（5）的去量化逆命题：

"一些理性的生物是人类"（7）

从（7）可以得到相应的形容命题：

"一些理性的生物是人类"（8）

可以看到，从（4）到（7）不仅在新主项名称（理性的生物）前加入了量化符号，在其充当原谓语时没有量化符号；我们还舍弃了新谓项（人类）作原主项时的量化符号。由此，我们从非量化命题开始，以量化命题结束。逻辑学家（总体而言）认识和处理的之所以都是非量化命题，正是为了使我们能够（通过一种省略化过程）从非量化命题过渡到量化命题，因此形成了类命题和三段论的转换和还原的一般规则。传统直言三段论的"19种有效式"是由非量化命题构成的。不用说，日常语言中处理普通名称时使用的几乎都是非量化命题。

转换E命题时的步骤如下：要转换的命题为，没有R是Q（1）；（1）=（2）任何R不是Q（根据语法等价）；量化（2）我们得到，任何R不是任何Q（3）；（3）转换为，任何Q不是任何R（4）；通过反量化（4）得到

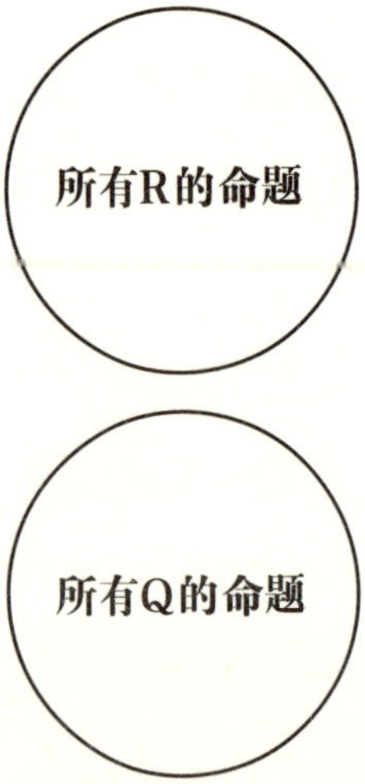

图21

（5）任何Q不是R；任何（5）=没有Q是R（根据语法等价）（见图21）。

我的观点是：逻辑和日常语言的用法总体而言都是合理的[1]，但量化作为命题的必要转化过程，其次要作用是可能且有效的。这可以通过引入直言命题的含义来说明。直言命题肯定或否定的是S的外延同一性和P的内涵多样性。肯定直言命题中，S和P的外延相同；S和P的内涵在任何情况下总是不同的，除非我们承认命题形式是“A是A”，且所有命题都是“A是B”。S充分表达外延；联项表示同一性和差异性；只有出现谓项时才有内涵多样性。对于任何断言，我们都要知道两点。首先我们要知道肯定或否定的是什么：这由主项体现，主项指代断言的事物；其次我们要知道，主项指代的事物肯定或否定什么，这由谓项体现其内涵。因为已证谓项与主项的外延在肯定命题中相同，在否定命题中不同。由此可见，在任何命题的谓项中，重要的必然是内涵而非外延。经考量证实，在有合适的形容词项时，我们通常使用形容命题而非巧合命题。尽管量化的实体词项可以表现复数，尽管形容词项和它量化的实体词项的外延相同，但在英语中，这类术语还是不能有复数形式。还要记住，形容词项在命题中不能做主项。如果S在任何直言命题中表示外延，P主要表示内涵，那么显然在一般情

[1] 我认为逻辑学和日常语言的用法解释了为什么无法区分词项和词项名称。如例子：命题（1）“所有R的都是Q的”，表示的词项是——（a）所有R的，（b）Q的。转换（1）得到（2）“一些Q的是R的”，这里表示的词项是（c）一些Q的，（d）R的——因此“所有R的都是R的”，词项“一些Q的”和“Q的”未做区分。

况下，量化S合适且必要，但P不能量化。另一个大多数命题反对量化（除了转换阶段外）的原因，是从命题肯定或否定S和P的外延同一性（已有内涵多样性）推导出来的；在量化肯定中，虽然也断言了（这是必然的）词项的同一性，但凸显这两个词项的外延往往掩盖了这一点——尤其在指代的类范围不同时。可以肯定的是，如果命题的两个词项只考虑外延，那么量化命题是最合适的，这种形式的命题能凸显S和P的外延。但两个词项不可能只考虑外延。如果，如："S是P"，S和P只考虑外延，那么"S是P"就完全等同于"S是S"，因为P的外延和S完全相同。但"S是S"不能称为重要断言。另一方面，这里辩护直言命题含义的观点证明了量化在命题中阶段性认识的正确性。因为命题的谓项有外延和主项[1]，且（在肯定命题中）主项的外延相同。因此（巧合命题中）在特定允许且必要的情况下，可以通过量化突出，且命题主项有内涵。这可以通过去掉量化符号（词项指示词）来凸显，因为量化符号把注意力集中在词项外延而非内涵上。

上述量化观点，通过对O命题的传统逻辑处理的思考得以证实和说明。在四种类命题A、E、I、O中，一般认为前三种可以转换，第四种不能转换。

我们看到，命题必须经过量化过程才能转换。但O（一些R不是Q）之所以不能量化，不是因为量化比其他命题难度大，而是因为O经过量化后（任何Q不是一些R），去量化时内涵会发生改变。由于O（任何Q不是R）的去量化逆命题的内涵与去掉量化后的命题内涵不同——去掉P指示词"一些"，通过去掉P，P指示词包含在非量化命题中（任何Q不是R）。并且同

[1] 在许多语言中（如希腊语、拉丁语、法语），限定复数词的形容词通常用复数符号。

时，普通思想和日常语言不会认可这种明确量化形式，处理普通思想和日常语言形式的逻辑必然认为O无法转换。举一个具体的例子：命题（1）“一些树不是橡树”，量化成（2）“一些橡树不是任何树”。转换为（3）“任何橡树不是一些树”。去掉（3）的量化得到（4）“任何橡树都不是树”，这可理解为（5）“任何橡树都不是任何树”（=没有橡树是树）。

下面我们来说一下“一些”的意义。

如果普通直言命题的量化在转换过程中是可行且必要的，但仅仅是过程的一个阶段，那就似乎应该具体探讨量化阶段命题的作用和意义。这主要取决于“一些”的内涵。“一些”，可能指（1）“一些但不是全部”；（2）“至少有一些，它可能是全部”，但当上述内容是对一些的解释和说明，那就出现一个明显的问题，“至少有一些”和“最多有一些”中的“一些”具体是什么意思？作为这些表达组成部分的意义难道不是它真正的最小意义吗？

同样，“一些”指不是无。这个定义比（1）或（2）更合适，因为它同时涵盖两者的意义［排除（2）的（1）显然不适用于所有情况］，且无直接明确的循环定义。但恐怕还有人认为这是古循环定义，因为除了“无一些”，“无”要如何定义呢？如果“一些”仅表示“不是无”，而“无”仅表示“无一些”，那除了一个是另一个的否定命题外，我们还能获得什么信息呢？“一些不是无”与“无不是一些”互为反对，如果“无”和“一些”没有其他意义，那我们就在一个循环里绕圈，切断了与其他意义的联系。

如果问，如“一些R”在日常对话中起什么作用？在特殊情况下，普遍认为（逻辑学家也承认）说话者的意图一般是为了限制R，使其外延小于“所有R”（如：当它是“所有R”的选言支时属于该情况）；或对R进行一些修改，使之与R本身的内涵不同。因此，要表示的是部分R（不是全部），或特定R（有些不同的）。如果表示“所有R”，那么为了充分表达意思，将使用“所有R”。同样，如果要表示未修改的R，则将使用未修改的R。

但要了解，“一些R”可能与“所有R”的外延相同，如：可以说“一些红色的花是无味的”。即使我不知道“所有红色的花都是无味的”，它也可能为真。

或者可以说“一些（=有某些不同之处）偶蹄类动物是反刍动物”；可能结果同样得到（无论是否知道）“偶蹄类动物都是反刍动物”为真。

认识了这些以及其他信息不明确的情况，可以得出（1）少于所有，或（2）有某些不同之处［且（1）和（2）互相包含］，这些“一些”的定义是无效的。

我建议把“一些R”定义为“R的不定量或数”。显然，这个定义不涉及（a）存在或不存在其他R，或（b）关于其他R的可能存在的断言。且这个定义体现了所有情况下“一些”的全部含义，证明它是通用的，即给出了这个词的全部内涵。

这个对于“一些”的定义解决了一个问题（有时被提及），即“一些”代表“至少是一”，还是“至少是二”？

如果“一些”仅表示一个不定量，那么“一些”的量化使词项明确了不确定性；因为它排除了（1）明确的普遍性和（2）特定的局限性，并且它无法确定任何有关类别之间的关系。

它可以用，但不是“全部”能用［如命题的内部转换（限量换位）的原因］，原因是它没有明确地提出普遍性[1]。

整体而言，量化的作用似乎只是为了突出外延——谓项方面。

凯恩斯博士（《形式逻辑》第二版，第61~64页）对“大多数”“几乎没有”“全部”“任何”做了解释：“大多数”表示一半以上；“少数”有否定作用；“几乎没有R是Q”可等同于“大多数R不是Q”（可能有进一步含义“虽然有些R是Q”）；“少数”和“几乎没有”的内涵不一样，但它一定是肯定的，且通常直接等同于“一些”，如：“少数R是Q”=“一些R是Q”；“所有”的概念较模糊，因为它可以单独使用或集合使用。命题“三角形的所有角都小于两个直角”，这是单独使用的，对应每个角的谓项是分开的。命题“三角形的所有角之和等于两个直角”，这是集合使用的，对应每个角的谓项没有分开；“任何”是直言命题主项量化的符号（如：任何R都是Q），在逻辑周延性上等同于“所有”。无论类别中的任意部分是否为真，整个类别一定为真。如果不是直言命题的主项，“任何”可能有其他内涵。例如，在假言命题中，“如果有A是B，则C是D”，它同逻辑上赋予的“一些”有同样的不定性质；因为如果单个“A是B”，则满足前件条件。这个命题确实可以写成——“如果一个或多个A是B，则C是D”[2]。

在全称命题和普通命题中，“所有”的周延可能与“任何”的作用相同，但也有不同之处——“任何”可能在命题中作词项，这个命题中，主项

[1] 凯恩斯在《形式逻辑》第二版，第二部分第九章中，充分讨论了当“一些”表示“不是全部”时，“一些”量化的消极结果，以及其余被否定的部分。

[2] 在上文引用中，我用R和Q替代S和P。

的外延通过S和P的内涵限定于一个个体。如：“任何赢了比赛的人都会得到一个银色奖杯，任何被委员会选择的人都将被任命为秘书”“任何人都可能得到我的票”（这里不能把“任何”换成“所有”）。“任何”相当于许多言语中的“一个”，如“一个女人的心和冬天的风说变就变”“一座城市的磨坊主有金手指”“一求必应”。“任何”的作用X应当是：一件事物，且可接受的唯一条件是X态。因此“任何”可等同于“所有”，且由这个陈述“任何X是Y”可得结论“所有X的是Y”，因为X态与Y的相关。相反的，从“所有X的是Y”可得“任何X是Y”，因为从“每个X是Y”可推出X态和Y态的关系。

An Introduction to General Logic

第二部分

命题的关系

第八章　命题关系的一般说明

命题关系可以是相容的，也可以是不相容的。相容命题可能是附加命题或非附加命题；附加命题分为相关的、先决的、下反对的、论证的或分类的。命题关系可能无法通过观察看出来；但命题之间不能通过连接词连接，除非：（1）它们确实有联系；（2）为了某种目的或目标而用它来补充说明这种联系。

命题关系表。

命题可以是相容的，也可以是不相容的。相容命题可能一起为真，如："M是P，S是M"；不相容命题不能一起为真，如"M是P，M不是P"。

两个相容命题可以是（1）单项的或（2）双向可推论的，如，（a）"一些R是Q"可由"所有R是Q"单项推论而来；（b）"一些R是Q""一些Q是R"两者可互相推论。（a）和（b）可归为相关命题，同样，相容命题也可以互相联系，不是作为推论而是作为互补前提，如"所有N是R，所有Q是N"。或作为下反对命题相关联，可以都为真，但不能都为假，如："一些R是Q""一些R不是Q"。

两个（相容）命题可能共同与第三个做结论前提的命题（相容）相关，

如："M是P和S是M，因此S是P"。这种关系可称为论证。

命题关系中一种有趣的情况是下面一系列形式命题间的关系：

这是R；

那是R；

那另一个是R，等等。

一个完全相同的谓项由若干不同主项断言，每个主项指代一个不同的对象。这是若干认识的结果，这些认识可以用一组命题表示，命题的对象不同但性质相似，可归为一组并用一个类名表示。在断言和推论中，有个指导思想叫差异的统一；但这种情况，统一是不同对象属性的统一，如差异相似性。关系的另一个例子，是可分全部直言命题和分解的几个单称命题之间的关系。例如，"所有R是Q"相当于：

R^1是Q；

R^2是Q；

R^3是Q，等等[1]。

如果我能断言"所有R是Q"，就能断言"R^1、R^2、R^3等是Q"；如果我能断言"R^1、R^2、R^3等是Q"，就能断言"所有R是Q"。我们这里引用的都是多样性同一，差异性相似和部分与整体统一的直言命题。明示推理是从部分到整体，从整体到部分；推理公式是，一类或一组中的每个部分表达的可能是整类或整组分别表达的，一类或一组分别表达的可能是该组或类任何部分所表达的。最后，从一系列命题，如：

[1] 参考凯恩斯《形式逻辑》第二版，第58页。

所有（或一些，或这个，等等）R是B 所有（或一些，或这个，等等）R是C 所有（或一些，或这个，等等）R是D 等	B是Q C是Q D是Q 等

可以得出R态可与B态、C态、D态等共存，且B态、C态、D态等可与Q态等并存。本段讨论的关系可归为一类。

所有其他相容命题（在简单直言命题中），如：S是P和Q是R等，可称为形式独立命题，即没有证据表明它们与其他任何命题相关联，也无证据表明肯定或否定其中一个命题会肯定或否定另一个命题。也就是说，没有证据表明它们之间存在不相容、下反对或统一关系。统一可能是多样同一性的统一，或差异相似性的统一，或部分和整体的统一。也就是说，基于对第一种统一的认识，这是所有断言和所有推论的基础，即多样同一性。“如果”“所以”“那么”“因为”等词，表达推论，或词“或”，表达选言支，无论在哪遇到这些词，通过思考（虽然这些命题可能不明显或没有明确联系）可以发现隐含的同一性。“和”“但是”“也”“同样”等，无论在哪看到这些连接命题（如相容又相异的命题）的词，主要的连接原则是部分和整体的统一。部分和整体的范畴是划分、分类和系统化的范畴。所有断言、推论、划分、分类和系统化（以及经过考量的分类）都有某种目的。因此，用“和”“或”“但是”“所以”和其他连接词连接的命题之间，不仅有某种关系，还因某种原因组合在一起。除非相互之间有某种联系，否则命题不能用连词合理连接起来；除非有某种目的，否则它们不会由任何理性存在联系在一起。这意味着它连接的命题是用来互相修改的，或至少它们有某种共同参照物。如果没有参照，连词就不合适。如下述两句话，就显得荒谬无意义：

“英格兰是个岛屿，并且星期天是个好天气。”

“莫利先生是个激进分子，并且这是费伯的笔。”

但表示相互联系的命题却以一种意料之外的、相反的或限制的形式互相修改。如：

“杰克会把他的枪借给你，但明天你必须还回来；我很高兴去见范妮，但我希望她不会带她的表亲；查理已经到了，但他只能待10分钟”。如上所述，“或”“如果”“所以”“因此”“因为”等词表示一种隐含的同一性，例如，我们在讨论推论命题时，发现这些直言命题组合很荒谬，如：

“如果星期五是一周的第五天，则四月是一年的第四个月；如果今天是星期天，则一周有168个小时”等。

因为前件和后件组合的指代元素之间没有推论联系，因此仅靠连接词不能把本质上不相关的元素联系起来，否则就无法解释为什么联项“是”不能赋予“S和”“不是S”同一性了。

表6

- 命题关系
  - 相容命题
    - 附加命题
      - （5）分类命题
        如：这是R，而那是R等（R类）；R^1是Q 且R^2是Q等（=所有R是Q）；所有R是B，所有R是C，所有R是D等，B是Q，C是Q等 （所以所有R是B、C、D、Q，一些B是R、C、Q等）
      - （4）论证命题
        如：M是P且S是M，所以S是P
      - （3）下反对命题
        如：一些R是Q，一些R不是Q
      - （2）前命题
        如：M是P，S是M
      - （1）相关命题
        如：所有Q是R，
        一些Q是R；
        一些R是Q，
        一些Q是R
    - 非附加命题
      如：M是P，
      Q是R
  - 不相容命题
    如：如果E是F，则K是H，
    如果K不是H，则E是F；
    所有R是Q，
    没有R是Q；
    所有R是Q，
    一些R不是Q

第九章　一般推理

一个命题是另一个或另一些命题的推理，前者的断言被后者所证明，并且后者与前者在某些方面有不同之处。推理可分为直接推理（从一个命题到另一个命题）或间接推理（从两个推理到第三个推理）。间接推理（论证）分为相对的和绝对的。所有绝对论证都是形式的，且都可以归为三段论。论证分为演绎的和归纳的。间接推理与直接推理的区别只在于更复杂。

推理表。

任何命题都是一个或多个命题的推理，后者证明前者的断言合理，与前者在某些方面不同。如：（1）“P是S”是（2）“S是P”的推理；（3）“S是P”是（4）“M是P且S是M”的推理。因为（2）和（4）分别证明（1）和（3）的断言合理；如果（2）为真，则（1）为真，如果（4）为真，则（3）为真。

如果推理是从一个命题到另一个命题，就叫直接推理或推断；如果推理从两个命题到一个命题，就叫间接推理或论证。

直接推理（演绎）可以从任一命题到另一个形式相同的命题——即

（1）从直言命题到直言命题，从推理命题到推理命题，或从选言命题到选言命题——如：从“所有R都是Q”到“一些Q是R”；（2）从任一命题到另一个形式不同的命题——如：从“任何有角的动物都是反刍动物”到“如果有动物是有角的，那么它是反刍动物”。这两种推断可分别称为：（1）翻转；（2）颠换。

无论是直言命题、推论命题还是选言命题，间接推理（或论证）都是相对的或绝对的。所有绝对论证都是形式的——即它们一定可信，具有绝对普遍效力——这些论证统称为三段论。相对论证——无论是直言命题、推论命题或选言命题——都不是一定可信的。绝对论证可含有相对命题，但其论证不依赖于命题的相对性；而相对论证的整个推理作用都取决于组成命题的相对性质。相对直言论证非常常见且重要（参见第四章）。相对推论和选言论证是可能且有效的，但不常用——

如：如果A等于B，C等于D，

　　D不等于C

所以：B不等于A

　　C不等于D或A不等于B

　　但D不等于C

所以：B不等于A

它们与相应的绝对论证差别很小，容易还原成绝对论证，不需要作多余考虑。经常把演绎一词与间接命题或论证看作范围相同，但它可能更常用于归纳之外，所有间接命题的外延；我认为后者更狭义、更有用。若讨论前提和结论的关系，那么在直言间接推理划分关系中，最显著的区别似乎是前提和结论外延范围的区别——正是基于这种区别，得到“演绎”和“不完全归纳”之间的区别。因为在后一种情况中，结论实际比前提范围大，但在其他直言间接推理中，结论绝对不比前提范围大，经常小于一个或两个前提。例如，下列论证：

（1）所有N是Q
所有R是N
———————
所有R是Q

（2）A等于B
B等于C
———————
A等于C

（3）A大于B
B大于C
———————
A大于C

（4）所有N是Q
所有R是N
———————
一个
一些
这个 } R是N
这些
等

（5）所有N是Q

一个 / 一些 / 等 } R是N

一个 / 一些 / 等 } R是Q

（6）所有N是Q

这个R是N

这个R是Q

（7）你的N的是Q

这些R的是你的N的

这些R的是Q

（8）这些（这个）} N的是Q

这些（这个）} R的是N

一个（一些等）R是Q

（9）那个男人是罗伯特·亨德森

那个男人是我的大哥

罗伯特·亨德森是我的大哥。

（10）莱特福特博士是玛格丽特女士的教授

杜伦大学任命的主教是莱特福特教授

杜伦大学任命的主教是玛格丽特女士的教授

（11）春、夏、秋、冬是四个时期，各有三个月

春、夏、秋、冬是四个季节

四个季节有四个时期，各有三个月

在所有这些例子中，结论的外延都不大于两个前提的外延。（1）（2）（3）（7）（9）（10）（11）的前提和结论范围相同；（4）和（8）的两个前提外延范围相似，（4）的结论外延更小，（8）的外延可能更小；（5）（6）的其中一个前提与结论的范围相似，另一个前提范围更大。

我们可以用下面的简图说明这些范围的关系：

（a）大前提

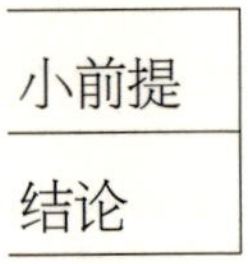

（b）大前提

（c）大前提

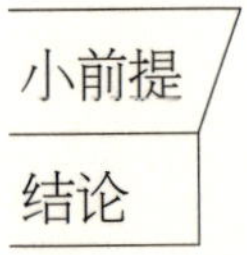

（1）（2）（3）（7）（9）（10）（11）可以用（a）表示；（4）用

（b）表示；（8）用（a）或（b）表示；（5）和（6）用（c）表示。在归纳论证中——如：

（12）任何一种情况下导致Y会永远导致Y

X在一个情况下导致Y

X永远导致Y

=任何X导致Y

——前提和实际结论的范围关系可以用图表示：

（d）大前提

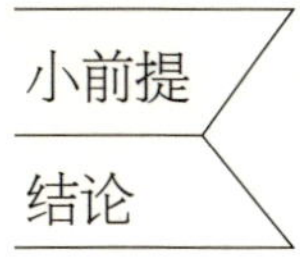

这里大前提和结论范围相近，但小前提范围比两个都小。由于主要词项的特殊形式，一个普遍前提和一个特殊前提得出的普通结论是合理的。可以发现，相对直言论证一般是（a）图表示的类型。

我们注意到，一个推论在某些方面与它所推理的一个或两个命题不同。“S是P”不是“S是P”的推论，而只是重复它本身。如果（1）任何命题，（2）任何推论，则（2）的意义和传达的印象与（1）并不完全一样。即使用同义词代替另一个词，或用一个否定命题代替一个等价的肯定命题，这不仅仅是词的替换，还涉及词所表达的不同含义（无论多么微小）。例如，“所有人都会死”和“没有人是永生的”，虽然两者完全等价，但仍有某种意义上的差别。间接推理与直接推理的区别似乎只在于间接推理更为复杂。

这里是时候给出一些术语的定义了，这些术语将时常出现在下面几章中。

（1）等价。当任意两个范畴词（或短语）有同一外延是等价的，任意两个助范畴词（或短语）有同一内涵时等价，如：“伦敦”和“英格兰的大都市”是：等价词项；“也”和“同样”是等价助范畴词。任意两个可互相推理的不同命题是等价的，如：“S是P”和“P是S”是等价命题。

因此，等价词或命题可以相互替换。

（2）推理（狭义），推理出的命题。

（3）推理，推理而来的一个或两个命题。

（4）推理（广义），（2）和（3）。

（5）推理，从一个或多个命题推理出：命题（3）到另一个命题（2），（3）是（2）的正当性论证，（2）和（3）在某些方面彼此不同。

（6）演绎，一个命题得出的推论。

（7）演绎，推理而来的命题。

（8）演绎，（6）和（7）。

（9）演绎，从（7）到（6）。

（10）结论，两个（或多个）命题一起得出的推论。

（11）前提，得出结论的两个命题。

表 7

- **推理**
  - **间接推理**（论证）
    - **相对论证**
      - **选言**（参见第61页）
      - **推论**（参见第61页）
      - **直言**
        如：A=B,
        B=C,
        ———
        A=C
    - **三段论**（绝对论证）
      - **选言**（见表10）
      - **推论**（见表 9 ）
      - **直言**
        - **归纳**
          如：
          曾经导致Y的会永远导致Y；
          X曾经导致Y；
          所以X会永远导致Y
          （=所有X是Y的原因）

          （3）星期天、星期一等 7 天，每天有24小时；
          星期天、星期一等是一周中的所有日子；
          所以一周的所有日子有 7 天，每天有24小时
        - **演绎**
          如：（1）所有物质都有引力；彗星是物质；所有彗星有引力
          （2）伦敦是英格兰的大都市；伦敦是世界上最大的城市；所以世界上最大的城市是英格兰的大都市
  - **直接推理**（参见表 8 ）

第十章　直接推理（演绎）[1]

当从一个命题推出另一个，而前者证明后者合理，并在某些方面不同，那么后者是前者的直接推理（演绎）。演绎可以是（I）直言命题（a），或推论命题（b），或选言命题（c），都可以是演绎的或被演绎的，这些可以成为演绎。或（II）它们可含有一个直言命题和一个推论命题（a），或一个直言命题和一个选言命题（b），或一个推论命题和一个选言命题（c）。这些（II）可能为混合演绎或颠换。在颠换中，最有趣的一点是推论命题和选言命题在直言形式中可以表达自己的含义；条件命题和直言命题（一个的S和P对应另一个的A和C）可以互相演绎；推论命题可从选言命题推理，选言命题可由推论命题推理，因此与呼应任意推论命题的选言命题有一个对应的直言命题，从直言命题演绎的选言命题呼应推论命题。

直接推理表。

[1] 在这一章中，我斗胆使用了几种新术语（包括用反质位法代替换质位法），希望能使直接推理的整个体系更加精细、完整，表达更清晰。

当我们从一个命题到另一个命题，前者证明后者合理且两者在某方面不一样，后者就叫间接推理，或演绎。

演绎有（I）直言（a），或（I）推论（b），或（I）选言（c）作推理和被推理命题；这些纯推理可称为直言判断的直接推理。或（II）有一个直言命题加一个推论命题（b）或一个直言命题加一个选言命题（c），或一个推论命题加一个选言命题（c）。这些混合演绎可称为直言判断的间接推理。

形式演绎的基本类型是换位、换质、颠倒（包括差等）和外换。其他类型都是这几种类型的组合。如：反质位法（换质位法）、回转、内换都是换位和换质的组合。

Ⅰ.—(a) 直言翻转

换位

转换原则是指，命题词项（或元素）可以转置（这取决于直言命题S和P的外延是否具有同一性）。因此转换的直言命题的主项变成谓项，转换的谓项变成主项。如：“S是P”转换成“P是S”，“S不是P”转换成“P不是S”。当主项是非量化名称或符号时，为防止谬误，通常无需用合适的转换或小规则。

如：“R是Q”“图利是西塞罗”“勇气是英勇”“玛格丽特是法语黛西的意思”“慷慨不是正义”“哈丁顿勋爵不是现任首相”“伦敦不是世界上最大的城市”“天才是耐心的”，这些都是通过S和P的简单换位转换而来的。

但在处理含有量化主项和非量化谓项的类命题时更有可能出错，因为转换时，必须表达隐含的原谓项名称的词项指示词，而该名称现在做主项，另一方面，原主项变成新谓项，而隐藏了原主项词项指示词；另一个可能存在的错误是，当类名称作为没有指示词的词项出现时，对谓项和主项的理解不同。例如，“树是植物”，“树”的隐含指示词是“所有”；“橡树是树”，“树”的隐含指示词是“一些”。如果我们再转换最后一个命题，就会变成“一些树是橡树”。如果我们转换任何A命题——“所有R的是Q的”——我们转换成一个I命题——“一些Q的是R的”；同样在转换E和I时（没有R是Q，一些R是Q），我们给新主项名称Q加一个词项指示词，去掉新谓项名称R原来的指示词。因为这个问题已经在量化一章中讨论过，所以在这里作为充分条件给出类命题的转换图表。

A.所有R是Q	转换为	一些Q是R（I）
E.没有R是Q	转换为	没有Q是R（E）
I.一些R是Q	转换为	一些Q是R（I）
O.一些R不是Q	不能转换（参见第47、48页）	

（参见第20页对于两个类别可能关系的图解说明。为了区别，E和I的转换可能称为反转，内换的反转。）

换质

换质的原则是指任何断言证明负项的否定合理（如矛盾律）。如：

“S是P”的断言证明否定“S不是P”合理。即，从“S是P”可以推出

“S不是非P”（对“S不是P”的否定，“S不是P”是“S是P”的负项）；从“朱诺不是密涅瓦”可推出“朱诺是非密涅瓦”。从“所有合适的都是好的”可以推出“没有合适的不是好的”。这里，在处理类命题时，关联直言命题可能出现的问题又出现了；但这种困难在这个例子中极少出现，足以给出直言命题的换质定律和A、E、I、O的换质形式。

A.“所有R是Q”换质为“没有R不是Q”（见图22）

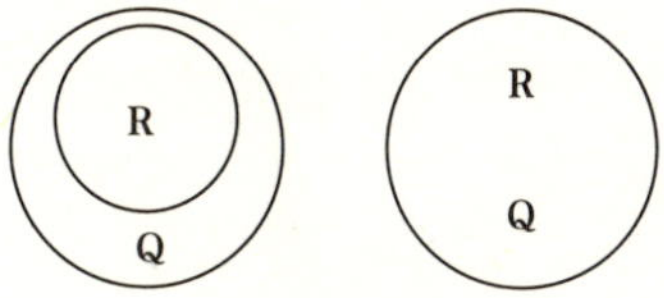

图22

E.“没有R是Q”换质为“所有R不是Q”（见图23）

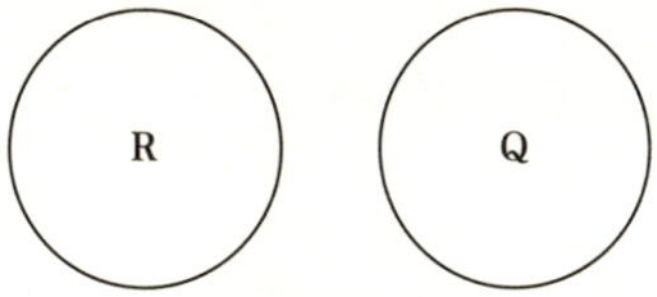

图23

I.“一些R是Q”换质为“一些R不是非Q”（见图24）

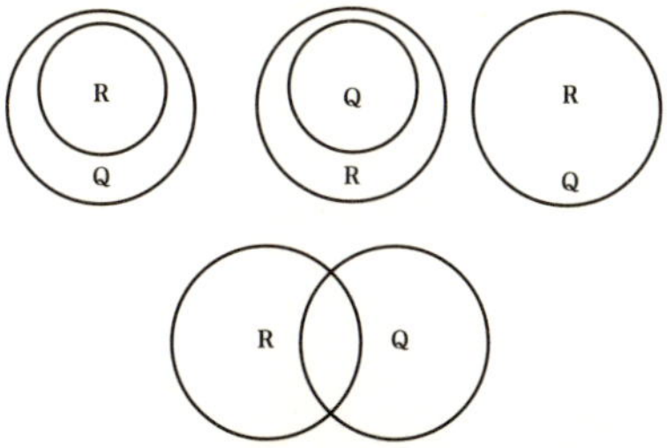

图24

O.“一些R不是Q”换质为“一些R是非Q”（见图25）

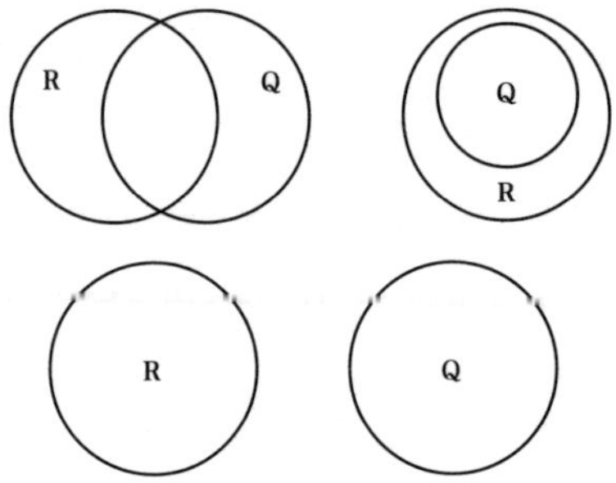

图25

直言命题换质定律是：

（1）换质前后S名称不变；

（2）要换质P的负项是换质后的P；

（3）换质前后质不同；

（4）换质前后量相同。

当联项是“=”时，无法进行换质。

颠倒

直言命题的颠倒，是从一个命题到另一个质相同的命题，且两个主项，要么一个外延小于另一个外延，要么一个内涵比另一个内涵模糊；或谓项模糊。

如：

（1）“所有三角形都有三边”；

所以，“所有等腰三角形都有三边”。

（2）“一些白色紫罗兰是香的”；

所以，“一些紫罗兰是香的”。

（3）“托普西是一个非洲黑人”；

所以 “托普西是一个黑人”。

唯一具有绝对一般有效性的颠倒是（2），称为差等——从全称命题推理而来，从A或E到特称命题。如：

“每阵风对一艘破损的船都是危险的”。

颠倒（通过差等）为：

“一些风对一艘破损的船是危险的”。

我们可以把差等标准称为“曲全公理”。

外换

外换（如，通过复杂概念和附加判断推理）如，“A是B，所以AX是BX”“C是D，所以C+2是D+2”等，这是一种我们都熟悉的演绎。外换的原则是，任何附加在名称或符号的量化或判断（正面或负面）可能同样附加在等价物上——但当使用重要词时，它们的作用变得多样化且根据语境发生细微改变，这类推理（不变且不可缺少）可能产生谬误，只能参考具体情况来预防。例如：如果我们推理，“因为一个木匠是一个人，所以一个木匠是一个好人”，这个推理很明显不合理。因此，附加判断“好”在量化“人”和量化“木匠”时是不同的。或者如果我们论证，“因为一个橡子会长成一棵橡树，所以一个半橡子会长成一棵半橡树”，这个推理是很荒谬的，另一方面我们可以推理，“如果一个橡子会长成一棵橡树，则两个橡子会长成两棵橡树”[1]。因此，直接推理形式“一些XR是Q，所以一些X是Q和一些R是Q”大部分可以归为外换（希尔·布兰德《我是卡特·格雷森·施鲁泽》第69页）。

[1] 任何命题反质位的反质位（换质位）可以视为外换——如从（1）“索尔茨伯利勋爵是英国现任首相”，可推出（2）“非索尔茨伯利勋爵不是英国现任首相”。

德摩根说过的"世界上所有逻辑都不能证明所有马是动物，所有马的头是动物的头"是一个外换，逻辑可以证明它，就像它可以证明"因为S是P，所以P是S"。在这两个例子中它都可以自证，只要推理前的命题为真，推理后的命题就为真。这种"证明"是我们无法检验也无须检验的。

数学推理广泛运用外换且可信度高，因为量的单位不因组合或分解改变本质。因此，如果：

$2+5=7$

则：

$2+5-1=7-1$

$$\frac{2+5-1}{2}=\frac{7-1}{2}$$

并且一般化即*a*、*b*、*c*、*d*和*x*的数量可表示为：

如果：

$a+b = c+d$

则：$\frac{a+b}{x} = \frac{c+d}{x}$，等等。

外换可定义为：一种演绎，有相同外延的两个词项，通过其中一个的变形推理另一个完全相似的变形[1]。

---

[1] 一方面，外换适用于一些命题中，如数学命题，但不使用一般绝对命题；另一反面，颠倒形式"R是Q，所以RX是Q"适用于一般绝对命题，但不适用于数学命题。如让：

R=2+2

Q=4

X=-1

所以（显然）：

R是Q，RX是Q

X是合理的。任何数字R的是数字变形都会使它变为非R；而对非数字R的增加一个判断X，只会让类别R变为属R。

换质位（反质位）

在换质位中，原主项名称是原谓项名称负项的谓项，换质位前后量不同。任何直言命题的换质位都通过首先换质，然后转换该命题得到。如："IF是STIFF"换质位得到"非STIFF是非IF"。

I命题不能换质位，因为它的换质是O命题（不能换位）。

回转

先换位再换质的过程可称为回转。如：

"一些真正的学说是被普遍接受的"回转为

"一些被普遍接受的东西不是非真正的新学说"

在回转中，原主项名称的负项是原谓项名称的断言，回转前后质不同。

O命题不能回转。

内换

在直言命题的内换中，我们通过给出命题得到一个新命题，主项（名称）与原主项（名称）相矛盾，谓项与原谓项矛盾（凯恩斯《形式逻辑》第七章，第107页）。内换前后直言命题的质和量都不相同。直言命题中只有A和E可以内换。举例如下：

"没有阳光是没有阴影的"内换为

"一些非阳光的事物是没有阴影的"；

"患难中的朋友是真正的朋友"内换为

"一些不是患难的朋友不是真朋友"

只有巧合命题可以换位、反质位、回转或内换。形容命题和巧合命题可以颠倒、换质和外换。

转化

除了以上几类，还有一种只能用于相对命题的直接推理，可称为转化。在直言命题转化中，我们能从一个命题到推理的另一个命题。两个命题的词项都是新的，但推理前，主项指代两个相关对象的其中一个，推理后指代另一个。这类推论无须附加信息，任何一个知道命题相关系统的人都可从一个相对命题得出。如，让X和Y表示两个实体，两者具有特定关系，可用一个命题表达：

X大于Y

借此，如果我们知道空间大小关系，不附加X和Y的信息，我们可以得出结论：

Y小于X

再从：

如果A=B，则C=D

可推理出：

如果B=A，则D=C

转化的原则可表述为：

如果断言一个对象和第二个对象的关系，那么就能断言第二个对象与第一个对象的关系。

以上演绎推理类型适用于推论命题和选言命题。例子见下一小节。

Ⅰ.—(b) 推论命题

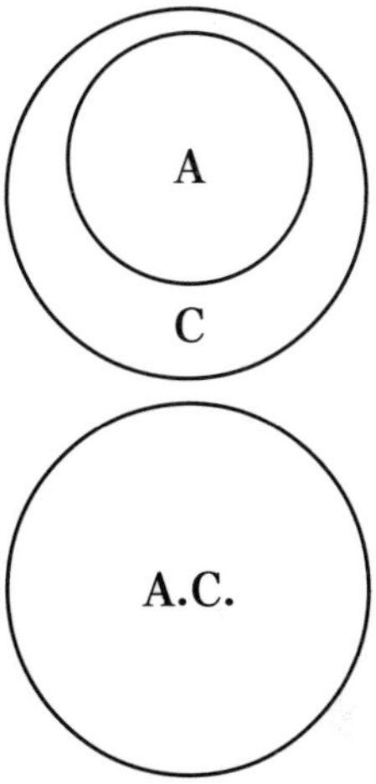

图26

换位（见图26）

“如果A，则C”；

“如果有E是F，则E是H”。

换位为：

“如果C，A可能是”；

“如果有E是H，则E可能是F”；

“如果X是Y，则是Z”。

换位为：

“如果X是Z，则X可能是Y；

“如果有花是鲜红色的，则它是无味的”。

换位为：

“如果有花是无味的，它可能是鲜红色的”；

“如果人生值得活下去，那么诚信是最好的法则”。

换位为：

“如果诚信是最好的法则，那么人生可能值得活下去”。

换质

将：

“如果A，则C”；

“如果有E是F，则E是H”。

换质为：

“如果A，则不是非C”；

“如果有E是F，则E不是非H”（参考任何EF是H，所以（通过换质）任何EF不是非H）；

“如果X是Y，则X是Z”。

换质为：

“如果X是Y，则X不是非Z”；

“如果要认出一个无赖，就给他一根棍子”。

换质为：

“如果要认出一个无赖，不要忘记给他一根棍子”。

颠倒（见图27、28）

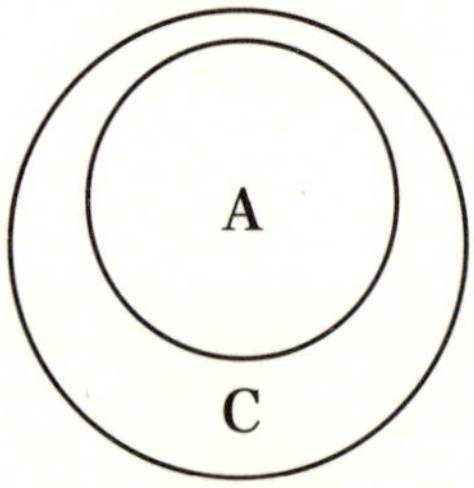

图27

“如果A，则C”；

“如果有E是F，则E是H”。

颠倒为：

“如果A，C可能是”；

“如果有E是FK，则E是H”；

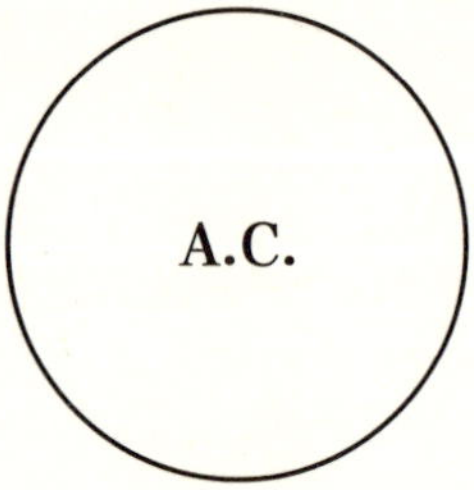

图28

“如果X是Y，则X是ZM”。

可能颠倒为：

“如果X是Y，则X是Z”；

“如果查理一世没有抛弃斯特拉福德，他会更值得同情”。

可能颠倒为：

“如果查理一世没有抛弃斯特拉福德，他可能会更值得同情”；

“如果有紫罗兰是鲜红色的，那么紫罗兰是无味的”。

颠倒为：

“如果有紫罗兰是明亮的鲜红色，那么紫罗兰是无味的”。

外换（见图29）

“如果A大于B，则B小于A”。

外换为：

“如果A大于B的三倍，则B小于A的三倍”；

“如果X是Y，则X是Z”。

外换为：

“如果X是QY，则X是QZ ”。

换质位

将：

“如果A，则C”；

“如果E是F，则E是H”。

换质位为：

“如果不是C，则不是A”；

“如果E不是H，则E不是F”；

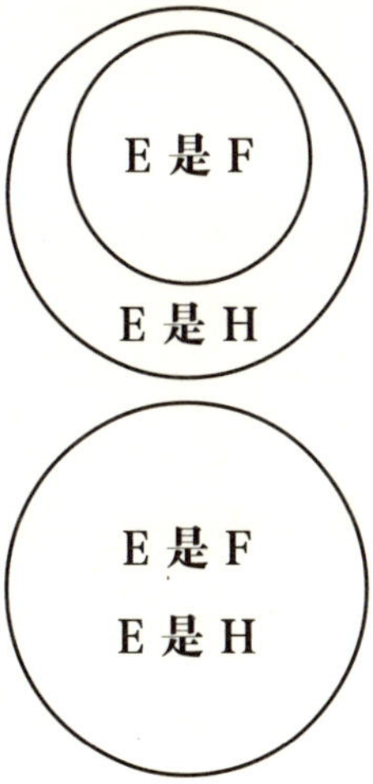

图29

“如果钱先到，那么所有的路都敞开”。

换质位为：

“如果有些路没敞开，则钱没有先到”。

回转

将：

“如果A，则C”；

“如果E是F，则E是H”。

回转为：

“如果C，则没有非A可能是”；

“如果E是H，则E可能不是非F”；

“如果他安静，他就是在捣蛋”。

回转为：

“如果他在捣蛋，他可能不吵闹”。

内换

将：

“如果A，则C”；

“如果E是F，则E是H”。

内换为：

“如果不是A，则C可能不是”；

“如果E不是F，则E可能不是非H”；

“如果所有人都会犯错，那么所有人都应该谦虚”。

内换为：

“如果一些人不会犯错，那么一些人不需要谦虚”。

转化

将：

“如果A等于B,则C等于D”。

转化为：

“如果B等于A，则D等于C”。

Ⅰ.—(c) 选言命题

换位

将：

“要么C，要么不是A”；

“要么E是H，要么E不是F”；

“要么诚信是最好的法则，要么人生不值得活下去”。

换位为：

“A可能是，要么C不是”；

“要么E可能是F，要么E不是H”；

“要么人生可能不值得活下去，要么诚信不是最好的法则”。

换质

将：

“要么C，要么不是A”；

“要么E是H，要么E不是F”；

“要么路是湿的，要么没下雨”。

换质为：

“要么不是非C，要么不是A”；

“要么E不是非H，要么E不是F”；

“要么路不是干的，要么没下雨”。

颠倒

将：

“要么是C，要么不是A”；

“要么E是KH，要么E不是F”；

“要么紫罗兰是异常无味的，要么它不是鲜红色的”。

可能颠倒为：

“要么C是，要么A不是”；

“要么E是H，要么E不是F”；

“要么一朵紫罗兰是异常的，要么它不是鲜红色的”。

外换

“要么E是H，要么E不是F”；

“要么说话者相信，要么无法令人信服”。

外换为：

“要么DE是H，要么DE不是F”；

“要么说话者十分相信，要么不是很令人信服”。

换质位

将：

“要么C，要么不是A”；

“要么E是H，要么E不是F”；

“要么街道是湿的，要么没下雨”。

换质位为：

“要么不是A，要么C”；

“要么E不是F，要么E是H（或不是非H）”；

“要么没下雨，要么街道不是干的”。

回转

将：

“要么E是H，要么E不是F”；

“要么街道是湿的，要么没下雨”。

回转为：

“要么E可能不是非F，要么E不是H”；

“要么没下雨，要么街道不是干的”。

内换

将：

“要么E是H，要么E不是F”；

“要么街道是湿的，要么没下雨”。

内换为：

“要么E可能不是，要么E可能不是非F”；

“要么街道是干的，要么下雨了”。

转化

将：

“A等于B，或E等于F”；

“要么紫罗兰是香的，要么它们不是白色的”。

转化为：

“B等于A，或F等于E”；

“要么紫罗兰可能不是香的，要么它们可能是白色的”。

Ⅱ.颠换

因为，假言命题和对应的选言命题的元素都是直言命题，且条件命题（对应选言命题）只有在具有复杂主项或谓项，或主项加谓项的直言命题中才能表达，因此，显然一个简单直言命题不能还原成推论命题或选言命题形式。

如：“我很抱歉”“伦敦是座大都市”“这个人是艺术家”“天才是耐心的”“人非圣贤”，这些都不倾向于用推论命题和选言命题表达，如果需要可用相对直言命题表达。

“如果A，则C”（1）

等于：

C是A的推论。

“要么C，要么非A”（2）

等于：

C可替代非A且（1）和（2）等价。

条件命题还原绝对直言命题形式为：

（1）“任何是D的E是F”；

“任何D是F或非E”。

等于：

（2）“任何是E的D是F”；

“如果有D是E，那么它是F”。

（3）可能还原为相对直言命题：

“任何D是F，都是它是E的推论”。

且（1）可能还原为：

“任何D不是E，都是F的替代”。

表8

- **直接推理**（演绎）
  - **混合演绎**（颠换）
    - **推论选言颠换** 如：如果E是F，G是H，所以G是H或E不是F
    - **直言选言颠换** 如：任意是E的D是F，所以任意D是F或不是E
    - **直言推论颠换** 如：任意是E的D是F，所以如果任意D是E，那么D是F；如果E是F，G是H，所以G是H由E是F推理而来
  - **纯粹演绎**（翻转）
    - **选言翻转**（参见第十章）
    - **推论翻转**（参见第十章）
    - **直言翻转**
      - **转化** 如；A等于B，所以B等于A
      - **外换** 如：所有R是Q，所以所有XR是XQ
      - **内换** 如：没有R是Q，所以一些非R是Q
      - **回转** 如：没有R是Q，所以所有Q是非R
      - **换质位或反质位** 如：没有R是Q，所以一些非Q是R
      - **换位**
        - **内化** 如：所有R是Q，所以一些Q是R
        - **逆转** 如：没有S是P，所以没有P是S
      - **换质** 如：一些R不是Q，所以一些R是非Q
      - **颠倒** 如：如果有D是E，那么它是F

第十一章　不相容命题

当命题不能同时为真时，会成为不相容命题。当两个命题互相反对时，不能同时为真但可以同时为假；当两个命题互相矛盾时，不能同时为真或同时为假。类关系和前件与后件的关系可用圆形图来表示。

不能同时为真的命题不相容，互为演绎推理命题时，如果演绎后为真则演绎前为真；互为不相容命题时，如果一个为真则另一个为假。

当两个命题不能同时为真但能同时为假时，命题互为相反——如，“所有R是Q，没有R是Q”；当两个命题既不能同时为真也不能同时为假时，命题互相矛盾——如，“所有R是Q，一些R不是Q”。对于简单直言命题来说，只有命题具有量化主项时，命题才有反对关系。“所有R是Q”和“没有R是Q”似乎是唯一被普遍认可的反对直言命题。当然，我们有些命题存在不相容性：

这些R的是Q（1）

一些这些R的不是Q（3）

这些R的不是Q（2）

这些R的其中一个是Q（4）

但（1）和（2）、（1）和（3）、（2）和（4）的关系对应命题A和E、A和O、E和I的关系。“这些R的”与“一些这些R的”互为反对，等同于与“所有这些R的”互为反对。这两种否定（互反和互矛盾）取决于前文提到的命题本身，“所有R是Q”“所有这些R的是Q”等，都是一系列单称命题的缩略表达，如：

R^1是Q；

R^2是Q；

R^3是Q，等等。

一个包含了所有情况的命题可以通过否定整体，或否定任何一个或多个组成部分来否定它本身。

所有其他情况下，一个简单直言命题只有一个形式的直言不相容命题，那就是它的矛盾命题，如：

S是P；

S不是P。

查理一世是圣人；

查理一世不是圣人。

命题如：

比利和科林在学校。

这是杰文斯所说的复合命题，它实际上是多个简单命题的缩略表达。在A和E命题的例子中，我们可能有两个直言不相容命题——但两者互为反对，如：

比利和科林都不在学校（1）

两个人中只有一个人在学校（2）

组合（1）和（2）得到矛盾命题——

一定为真的命题是：

“比利和科林在学校”

或

“一个肯定在学校或不在学校”

“比利在学校上第一节课”

两者可以用同样的方式推理。

条件命题

如果有D是E，则D是F（1）

与之不相容的命题是：

如果有D是E，则D不是F（2）

但如果（1）的含义可以表达成：

“任何D是F是它作为E的推论”，

则（1）和（2）不涵盖所有可能性。因为可能“D是F”或“D不是F”都不是D作为E的推论；可能D作为E和D作为F两者没有联系（参考“如果有狗是棕色的，那么狗是猎犬”）。毫无疑问，任何两个性质都有某种联系：（a）这种联系可能不一定是一个推理出另一个的关系；（b）可能认识不到存在何种联系。

我们可以借助下列关于类直言命题、推论命题和选言命题的图表来解释矛盾命题：

（1）（2）（3）（4）表示A和C可能存在的关系（在直言命题中，A和C是类名称，探讨其外延的相对范围；在推论命题和选言命题中，作为命题探讨推论命题和选言命题的依赖关系）（见图30）。

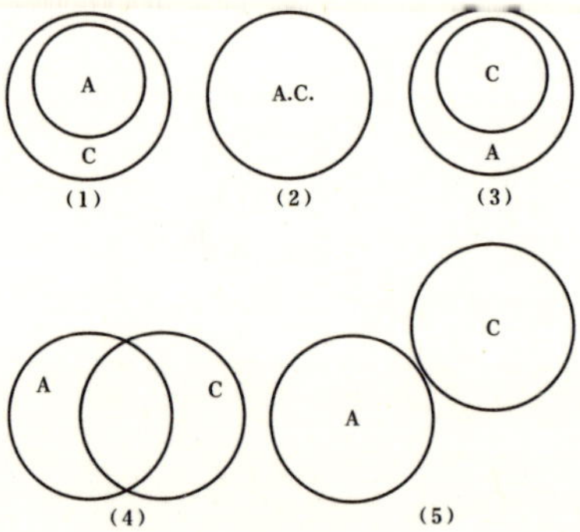

图30

那么：

所有A是C（1）（2）	矛盾	一些A不是C（3）（4）（5）
没有A是C（5）	矛盾	一些A是C（1）（2）（3）（4）
一些A是C（1）（2）（3）（4）	矛盾	没有A是C（5）
一些A不是C（3）（4）（5）	矛盾	没有A是C（1）（2）

（1）或（2）与（3）或（4）或（5）矛盾；（5）与（1）或（2）或（3）或（4）矛盾。

如果A，则C（=如果非C，则非A）（1）（2）	矛盾	如果A，C可能不（=如果非C，A可能）（3）（4）（5）

如果傍晚有雾，那么明天会下雨。	矛盾	虽然傍晚可能有雾，但明天不会下雨。
如果你的狗是棕色的，那么它就是西班牙猎犬。	矛盾	虽然我的狗是棕色的，但它不是西班牙猎犬。
如果A，则C可能（如果C，则A可能）（1）（2）（3）（4）	矛盾	如果A，则非C（=如果C，则非A）（5）
如果钱到位，就有办法。	矛盾	虽然钱到位，也没有办法。
要么C要么非A（要么非A要么C）（1）（2）	矛盾	要么非A，要么（如果A）C可能不是；既不是C也不是非A（3）（4）（5）
要么问题中的花是鲜红色的，要么就不是天竺葵。	矛盾	问题中的花虽然是天竺葵，但可能不是鲜红色的；替代这朵花的鲜红色花，不需要是天竺葵；这朵花可能既不是鲜红色的，也不是天竺葵。
要么A，要么非C（2）（3）	矛盾	要么C不是，要么非A可能是；既不是A也不是非C（1）（4）（5）。

他必须屈服，否则他将被毁灭。	矛盾	他屈服和他被毁灭是不可替代的。
他没有做这件事，否则他必须坐牢。	矛盾	他可能做了这件事，但不应该坐牢。
要么A可能，要么C不是（=要么C可能，要么A不是）(1)(2)(3)(4)	矛盾	C既不是，A也不是（=A既不是，C也不是）；要么非C，要么非A（5）

第十二章　直言间接推理

在间接推理或论证中，由两个称为前提的命题得到推理。直言间接推理的结论和前提都是直言命题。直言间接推理可分为绝对论证（或三段论）和相对论证。直言论证可定义为：三个直言命题的组合，一个（结论）从其他两个共同推理得出——这两个称为前提。直言三段论指：直言论证中前提具有同一个词项名称，而这个名称不出现在结论中。结论与一个前提共有一个主项名称，与另一个前提共有一个谓项名称。直言三段论标准可表述为：如果两个词项的外延相同（或不同），任意第三个词项有不同的词项名称，并与其中一个词项在外延上全部（或部分）相同，那么与另一个也（全部或部分）相同（或不同）。适用这条标准的原则可归纳为三条规则：其中第一条和第二条规则确保存在一个为真的中项，且大项和小项没有不当周延谬误，第三条规则要求一个否定前提和一个否定结论总是互相伴随。在量化直言三段论和特定的其他演绎中，任意三个构成命题，哪个是大前提或小前提，哪个是主项哪个是谓项都无关紧要。但在处理非量化类命题时，这两点都很重要。因此，很有必要讨论式和格的不同。式是指组成三段论的命题的形式和排序；格指三段论前提的词项顺序，分别称为第一格、第二格、第三格、第四格，以及十九种有效式（不包含弱化结论的式）。第一格被认为是最完美的格，因为亚里士多德经典三段论（公理，也称为曲全公理）可直接应用于它。因此产生了还原理论——即第二格、第三格和第四格可转化为第一格。在古老的记忆诗“Barbara, Celarent”中对还原进行了详细说明——相对直言论证是指前提是相对命题的论证——它们不像三段论一样遵循一个严格不变的模式，三段论的标准和规则也不能直接运用于它——但它们的一致性（对于了解其系统所指关系的人而言）与三段论或绝对论证一样有效，并且可以用三段论形式表达。可能没有比下文更能精确表达相对直言间接推理标准的形式了——如果有两个对象A和B相互关联，且B与第三个对象C相关；然后依据A、B、C所属的系统定律，A与C相关。

在间接推理或论证中，推理由两个命题组合而成，称为前提。在直言间接推理中，结论和两个前提都是直言命题，直言间接推理可分为绝对论证（或三段论）和相对论证。

直言论证可定义为：三个直言命题的组合，一个（结论）由其他两个推理得出——这两个称为前提。

直言相对论是一种直言论证，两个前提共有一个词项名称，该词项名称不出现在结论中。结论和一个前提共有一个主项名称，与另一个前提共有一个谓项名称。

这样定义的三段论可有五个词项，但只能有三个词项名称。

如命题：

（a）所有N是Q

（b）所有R是N

（c）一些R是Q

词项是（1）所有N，（2）一些N，（3）所有R，（4）一些R，（5）一些Q；词项名称是（1）R，（2）N和（3）Q。在上述的三段论中，“所有N”和“一些N”是中项；“所有R”和“一些R”是小项；“一些Q”是大项。当然从所用语本身来看，“一些N”与“所有N”的一部分（至少）一致，这部分是大词项和小词项真正的连接中介。

因此，无论在三段论的哪个前提中，中项的词项名称都相同。

在三段论的前提中，大项与结论谓项的词项名称相同；大前提是含有大项的前提。

在三段论的前提中，小项与结论的主项的词项名称相同；小前提是含有小项的前提。

在上文给出的三段论中，（a）是大前提，（b）是小前提，（c）是结论。

经典直言三段论（定义如下）表示如下：

如果两个词项的外延相同（或不同），任何一个第三个词项，其具有不同词项名称，且在外延上与两个词项中的一个完全（或部分）不同，那么也（完全或部分）与其他词项相同（或不同）。

直言三段论最普遍的形式例子，如命题：

M是P

S是M

S是P

词项M和P外延相同；第三个词项S与M外延相同，因此S与P同一。

M不是P

S是M

S不是P

两个词项M和P外延不同——M对应的外延与P对应的外延有差异（不同）；但第三个词项S与M外延相同，因此它不同于M所不同的，即P。

在直言类三段论中，经典三段论的外延可如下列例子中的符号所示：

（没有N）是（Q）

（所有R）是（N）

（没有R）是（Q）

外延（1）“所有N”不同于（2）“所有Q”；外延（3）“所有R”与外延“所有N”的一部分相同，因此“所有R”不同于“所有Q”。

（所有Q）是（N）

（没有R）是（N）

（没有R）是（Q）

外延（1）“所有R”与（2）“所有N”不同；外延（3）“所有Q”与外延“所有N”的一部分相同。因此，外延“所有R”不同于外延“所有Q”。

（所有N）是（Q）

（所有N）是（R）

（一些R）是（Q）

外延（1）“所有N”与（2）“一些Q”相同；外延（3）“一些R”与外延“所有N”相同，因此外延“一些R”与外延“一些Q”相同。

以下规则确保了经典三段论的实用性，并排除了所有无效三段论。

规则一：每个三段论中，一个前提里中项的外延必须与另一个前提里中项的外延完全（或部分）相同[1]。

规则二：结论里大项和小项的外延必须分别与两个前提里大项和小项的外延完全（或部分）相同[2]。

规则三：结论里词项外延的同一性要求两个前提外延都具有同一性；结论里词项外延的差异性只要求一个（只有一个）前提里词项具有差异性。

规则一的任何一个前提不满足，间接推理都不成立，因为任何不满足规则的情况都使一个真正的中项不存在——即它使得一个前提中的一个词项（只有一个）和另一个前提中的一个词项（没有它，前提之间不存在联系，从而无法通过它们得到结论）完全或部分不一致；不满足规则二或规则三，将无法通过两个前提得出想要的结论，存在（a）大项不当周延谬误，或（b）小项不当周延谬误，或（c）前提和结论存在多于三个的词项名称（在

[1] 通过对任一含有中项谓语的前提换质，两个前提中对应的词项可能完全不同。如：

所有Q是N（1）

没有R是N（2）

通过换质（2）变成：

所有Q是N

所有R是非N

[2] 通过换质，结论中大项的外延可能与前提中对应的外延完全不同；通过换质小前提（当小项是前提的谓项时），结论的小项是前提小项的负项。

所有情况下对于前提和结论都是累赘），或最后（d）一个前提经重复或推理而来（这种情况存在重言式错误）。

下列命题举出了不满足规则一的情况——任何一个都不能经间接推理得出结论：

所有R是Q

一些R是Q

K是L

T是V

一些N是Q

一些N是R

所有天使都是善良的灵魂

所有天使都是价值10先令的硬币

以下（a）（b）（c）（d）是不满足三段论规则二和规则三的情况：

（a）所有N是Q

一些R是N

所有R是Q

（b）所有N是Q

没有R是N

没有R是Q

（c）所有N是Q

所有R是N

所有X是Q

（d）这些政治家是作家

这些政治家是音乐家

一些音乐家是政治家

在所有主项是独立或部分的，外延范围相同的演绎中，以及量化的直言三段论中，组成的三个命题的任何一个，哪个是大前提哪个是小前提，哪个词项是S哪个是P，都不重要。但在处理非量化类直言命题时，两点都很重要，因为词项或命题的假言易位推理可能很重要，或者可能破坏三段论的有效性。例如命题：

伦敦是英国的首都

伦敦是世界上最大的城市

英国的首都是世界上最大的城市

我们可以改变词项和命题的顺序而不破坏三段论的有效性，也不完全影响意义。

对于如下三段论：

《辛迪加与守夜人》是伦勃朗的一些代表作

《辛迪加与守夜人》是阿姆斯特丹新博物馆里的两幅画

新博物馆里的《辛迪加与守夜人》是伦勃朗的两幅代表作

我们也可以这样说。但如果是如下的类三段论：

所有行星都是天体（1）

没有行星是自发光的（2）

一些天体不是自发光的（3）

把（2）做大前提，（1）做小前提，这需要换位（3）——因为结论的P

必须是大项，结论的S必须是小项——但（3）是O命题时无法换位。

如果把以下两个命题做AAA三段论的前提：

所有食肉动物都是凶猛的（1）

所有狮子都是食肉动物（2）

我们发现，把（1）做大前提和（2）做小前提，会得到一个A命题的有效结论，即：

“所有狮子都是凶猛的”

但把（2）做大前提和（1）做小前提，如果是A命题，结论一定是：

“所有凶猛的生物是狮子”

这是无效的。如果结论是I命题，即：

“一些凶猛的生物是狮子”

这个三段论是有效的，但不是AAA命题（第一格），而是AAI命题（第二格）。

因此有必要归类三段论的格与式和它们的关系，进行三段论的格到另一个格的还原。

式指构成三段论的形式和顺序——因此EAE式（如cEsArE）表示由E命题做大前提和结论，A命题做小命题构成的三段式。

格指三段论中前提的词项位置。因为有四种方式，一共四个三段论格，分别称为第一格、第二格、第三格和第四格，如下所示：

第一格	第二格	第三格	第四格
M–P	P–M	M–P	P–M
S–M	S–M	M–S	M–S

在类三段论中，第一格只有AAA（AAI）、EAE（EAI）、AII和EIO是有效式；第二格只有EAE (EAO)、AEE (AEO)、EIO和AOO有效；第三格只有AAI、IAI、AII和EAO有效；第四格只有AAI、AEE (AEO)、IAI、EAO和EIO有效。

在第一格和第三格中，大前提和结论可以是形容命题，但小前提不可以；在第二格和第四格中，前提和结论都不能是形容命题。

一本古老的逻辑记忆诗涵盖了19种式的学名（括号中的式遵循三段论的弱化形式——即当前提证明对应的全称命题合理时，得到特称命题结论）。与此同时，这首诗还有一个关键，即第一格、第二格和第四格非弱式可以还原成第一格非弱式。还原到第一格很有用，因为普遍认为这一格最完善。这个格直接应用于“曲全公理[1]”，其论证最有效，且结论的S和P分别是前提的S和P。这首诗如下：

Barbara, Celarent, Darii, Ferio que prioris;

Cesare, Camestres, Festino, Baroko, secundae;

Tertia, Darapti, Disamis, Datisi Felapton Bokardo Ferison habet;

Quarta, insuper addit Bramantip, Camenes, Dimaris, Fesapo, Fresison.

大写字母分别是四个格中有效式的名称；第二格、第三格和第四格中名称的首字母对应第一格名称的首字母，并且每个以本身字母开头的下级式还原为第一格的式，如 Cesare（第一格）还原为Celarent。字母m无论在哪出

[1] 这个公理——传统的三段论标准——可以表达成——如果对一类事物的全部对象有所断定，那么对这类事物的部分对象也有所断定。

现都表示改变前提的位置，如：在还原Camestres到Celarent时，前提位置发生改变。S和P表示换位（完全位换和限量位换），如：在还原Camestres到Celarent时，小前提和结论进行了换位，在还原Darapti到Darii时，小前提进行了换位。

式名称的元音表示构成式的类命题，如Ferio有E命题做大前提，I命题做小前提，O命题做结论。诗中剩下的唯一重要字母是K，它出现在Baroko和Bokardo两个名称中，这个K表示直接还原，下文将对此做进一步解释和举例说明。

根据记忆诗提供的诀窍，其他式的还原是直接还原还是表面还原，仅由前提或词项的换位构成。

对于名称Bramantip，这里要特别解释一下。通过式前提的换位和结论换位，得到第一格的AAI（不是AAA），这是Barbara的一个弱化结论，即当前提可以证明A命题结论合理时得到I命题结论——Bramantip的I命题结论不能通过直接推理证明这个A命题结论合理。必须理解名称P的表示，如果Barbara完全表现为第一格的状态，把结论A命题转换为：

所有R是Q　　我们应该得出：一些Q是R

这是Bramantip的结论还原成第一格的样子。

下面来看第二格、第三格和第四格分别还原成第一格的非弱式：

Cesare	还原成	Celarent
没有Q是N		没有N是Q（M−P 到 P−M）
所有R是N		所有R是N
没有R是Q		没有R是N

Carmestres	还原成	Celarent
所有Q是N		没有N是R
没有R是N		所有Q是N
没有R是Q		没有Q是R
Festino	还原成	Ferio
没有Q是N		没有N是Q
一些R是N		一些R是N
一些R不是Q		一些R不是Q
Darapti	还原成	Darii
所有N是Q		所有N是Q（M−S到S−M）
所有N是R		一些R是N
一些R是Q		所有R是Q
Disamis	还原成	Darii
一些N是Q		所有N是R
所有N是R		所有Q是N
一些R是Q		一些Q是R
Datisi	还原成	Darii
所有N是Q		所有N是Q
一些N是R		一些R是Q
一些R是Q		一些R是Q

Felapton	还原成	Ferio
没有N是Q		没有N是Q
所有N是R		一些R是N
一些R不是Q		一些R不是Q

Ferison	还原成	Ferio
没有N是Q		没有N是Q
一些N是R		一些R是N
一些R不是Q		一些R不是N

Bramantip	还原成	Barbara
所有Q是N		所有N是R（P-M到M-P）
所有N是R		所有Q是N（M-S到S-M）
一些R是Q		一些Q是R

Camenes	还原成	Celarent
所有Q是N		没有N是R
没有N是R		所有Q是N
没有R是Q		没有Q是R

Dimaris	还原成	Darii
一些Q是N		所有N是R
所有N是R		一些Q是N
一些R是Q		一些Q是R

Fesapo	还原成	Ferio
没有Q是N		没有N是Q
所有N是R		一些R是N
一些R不是Q		一些R不是Q
Fresison	还原成	Ferio
没有Q是N		没有N是Q
一些N是R		一些R是N
一些R不是Q		一些R不是Q

如上所述，Baroko和Bokardo通过不同的方式（称为间接还原或反证法）还原成Barbara，而这个过程是它们特有的K表达的。这个间接还原如下：

我们认为，Baroko就是：

所有Q是N

一些R不是N

一些R不是Q

我们假设要量化结论“一些R不是Q”，不是因为前提可疑，而是因为三段论形式应该比第一格（完善的）可疑。如果“一些R不是Q”不为真，那么它的矛盾“所有R是Q”必须为真。让我们把它当作新三段论的一个前提，把Baroko的一个前提作为另一个前提，由此：

所有Q是N

所有R是Q

这两个前提得出结论：

所有R是N

但“所有R是N”与Baroko的小前提“一些R不是N”相矛盾，并通过假设，Baroko的前提没有疑问。然而，因为这是第一格的新三段论，我们无法怀疑前提推出的结论。因此，错误一定出在新三段论的前提上。但“所有R是N”（原命题中的一个）正确，因此命题“所有R是Q”一定错误的，“所有R是Q”一定为假，它的矛盾一定为真。因此“一些R不是Q”为真，且证明Baroko有效。Bokardo例子的推理以完全相同的方式进行。

Bokardo：

一些N不是Q

所有N是R

一些R不是Q

间接还原成：

所有R是Q

所有N是R

所有N是Q

但“所有N是Q”与Bokardo的大前提相矛盾，所以新三段论错误，原三段论正确。

然而，Baroko和Bokardo可以通过换质和换位表明还原，因此：

Baroko——所有P是M（1）

一些S不是M（2）

一些S不是P（3）

还原成：

没有非M是P……（1）的换质位

一些S是非M……（2）的换质

一些S不是P

这是第一格的Ferio，我们可以把Faksoko作为关键，用K表示换质，S（如前）表示换位。

Bokardo——一些M不是P（1）

所有M是S（2）

一些S不是P（3）

还原成Darii的三段论，即：

所有M是S……（2）

一些非P是M……（1）的换质位

一些非P是S……（3）的换质位

这可以用词组Doksmanoks表示，K与在Faksoko中的意思相同，S和M保留在助记名中的内涵不变。

相对直言论证是指前提是相对命题的论证；它们不像三段论那样有严格不变的模式；且三段论的标准和规则不直接适用它们——但它们（对于任何理解系统所指物关系的人而言）与三段论或绝对论证一样有说服力。此外，它们可以用三段论形式表达。例如，下列相对论证（称为A命题Fortiori 的特殊属，见图31）：

A大于B

B大于C

A大于C

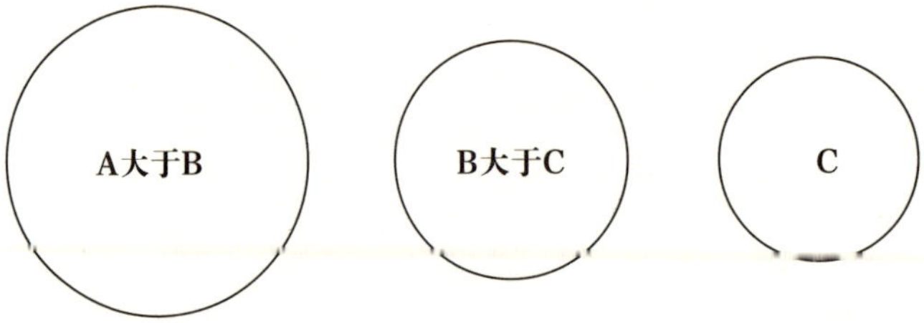

图31

这里有四个词项名称，但一个完善有效的论证——代替一个实际中项，A和C有联系，如前提给出的，同时大于C且小于A（ “A大于B”等于“B小于A”）。前提不仅陈述两个同一性，还给出是哪个不同对象A、B和C的关系。

论证可用如下三段论表达：

（一个事物，若大于一个大于第三个事物的第二个事物，则第一个事物大于第三个事物。）

这个事物A大于第二个事物B

第二个事物B大于第三个事物C

所以　这个事物A大于第三个事物C

再有，论证（见图32）：

X等于Y

Y等于Z

X等于Z

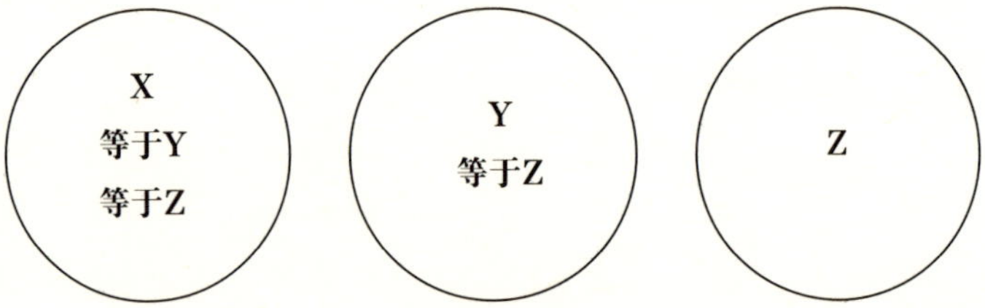

图32

这里也有四个词项名称和三

个不同的指代对象，其中一个对象通过让另外两个对象产生联系而发挥中项的作用。

用三段论表示该论证如下：

任何事物等于另一个事物Y，与Y等于Z的事物相等

这个事物X等于另一个事物Y

这个事物X与Y等于Z的事物相等

如果有X等于Y，那么X与等于Y的和Z的事物相等

这个X等于Y

这个X与Y等于Z的事物相等

其他性质相似的论证，其组成命题所指代的关系系统为时间关系、家庭关系、空间关系等。如：

A是B的爸爸

B是C的爸爸

C是A的孙子

这里有六个词项，但依然有且只有三个与对象相关，其中的一个B使其他两个相联系。这个论证明显非常有说服力（见图33）。

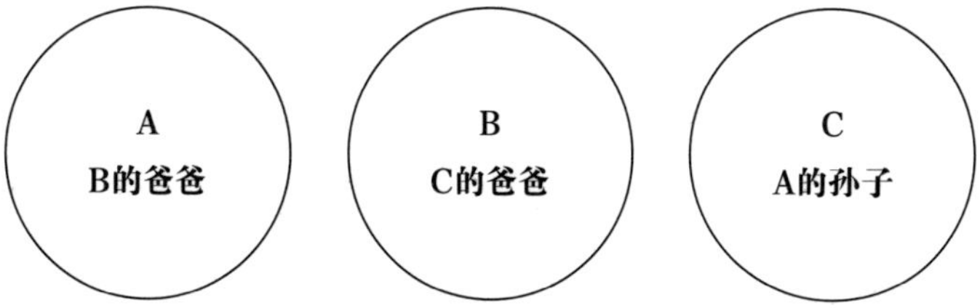

图33

A–B–C是个类似的命题：

A在B的左边

B在C的左边

C在A的右边

借此，关于相对直言命题间接推理，显然我们能得到一个比下一段更精确的标准。

如果两个对象A和B相互关联，B与第三个对象C有关，那么根据A、B、C所属的系统定律，C与A相关。

第十三章　归纳

归纳推理是间接推理，且它们与演绎不同的是，含有一个全称前提、一个特称前提和一个全称结论。在归纳中，我们借助事实和特例，得出新的概括或定律。所有归纳都基于一个原则，即每个现象都与其他现象不可分割，且现象之间存在相互依存的统一关系。由于相互依存可以作为伴随关系或因果关系，因此相互依存原则可详述为：一个对象的每个特征具有某些伴随性，且每个改变和事件具有某种因果关系；此外，不仅特定例子有这种联系，并且联系也是统一的——即不仅每个特征具有某些伴随性，并且每个事件都有某种因果关系，作为伴随性或因果关系而曾经相关联的现象总是这样关联的。并且，因果关系的统一性必须取决于伴随性的统一性——断言一个事件A接另一个事件B，这一能力完全取决于相关主项的特征共存性——主项属性中事件意义的变化。培根推测，似乎不仅每个特征总是伴随某种其他特征，并且每种特征都是一个独特的组合，它总是与之不可分割地联系在一起。在实践中指导我们的相互依存原则形式是这样的一条准则：如果有任意东西X与另一个东西Y在一方面相似，那么它们在许多方面相似。但为了让这条准则适用于任意情况的归纳，我们不仅需要知道相似现象具有相似伴随物，还要知道在这种情况下伴随物是什么。在这点上，“归纳法”提供了帮助。应用任意这些方法的结果，是在某种或一些情况下，建立了特定现象之间的相互依存关系。用归纳法进行推理所依据的假设可以总结为——如果没有B就没有A（或没有A的B）——【求同法（存在和不存在的情况）】；——或者如果引入A之后出现B，或去掉A之后B不存在（求异法）；或如果A的数量改变伴随或紧接着B的数量改变（共变法）；或如果任何明确标记的属性或事件AC-BE中，C和E相互依存（剩余法），那么A和B相互依存。在类比归纳论证中，我们所有得来的小相互依存性是从已知或假定的相互依存复杂性和程度中推理出的。在数学归纳中不用或不需要用归纳法，这是因为，在这些情况下，特征的不可分割性是一种直观认识问题：这也是数学概括所具有的特殊确定性。相互依存原则包含公理（1）没有两个事物只在一方面相同；（2）没有两个事物只在一方面不同，或只在一方面发生改变；（3）没有两个事物在所有方面相似；（4）没有两个事物在所有方面都不同。（1）和（2）可总结为准则的实践性指导，明显的相似、不相似或变化伴随不明显的相似、不相似或变化——归纳法需要对特殊中的普遍性加以认识。在这里有三个方面或阶段：（1）假设；（2）证明假设（一般等于证明相互依存性）；（3）从已知例子延伸到未知例子——认识到特殊相互依存性包含于普遍相互依存性的联系。归纳法中这种看似不可缺少的假设，通过考虑到它们是必不可少的，就合理了——因为它们涉及我们不断进行的归纳法，并且我们毫不犹豫地依赖于它。如果我们接受这种归纳法，就必须接受它所涉及的原则。如果不接受归纳法，我们便会陷入一张无望的矛盾之网中。此外，在第十九章中我们会看到归纳原则与直言断言重要原则的基础有多接近。

在直言间接推理中，无论是三段论还是相对推理，都可以分为演绎推理或归纳推理（参见第九章一般推理）。这两种论证相似但不完全相同。且看以下演绎论证：

（1）伦敦是世界上最大的城市

伦敦是英格兰的大都市

英格兰的大都市是世界上最大的城市

（2）那两只鸟每只价值10先令

那两只鸟是斯班格汉伯格鸟

一些斯班格汉伯格鸟每只价值10先令

（3）所有有角的动物都是反刍动物

所有牛都有角

所有牛都是反刍动物

（4）所有白色紫罗兰都是香的

这朵花是白色紫罗兰

这朵花是香的

（5）春夏秋冬组成一年

春夏秋冬是四个季节

四个季节组成一年

从这些例子中，我们并未发现结论比前提更普遍。并且在如（3）（4）的演绎论证中，是从定律或普遍陈述的断言开始的，两个断言共同得出结论，或者把定律用在某个或某些特例上。

另一方面，在一个归纳推理中，我们通常有一个特殊前提和一个普遍结论——通过事实或特例，得到某个新概括或定律。例如，已证“一个等腰三角形底角相等”，得出“所有等腰三角形底角相等”；已证“一只兔子在服用一定剂量砷后死亡”，得出“所有兔子服用类似剂量砷后会死亡”；已知“一束新鲜白色紫罗兰有特殊的香味”，得出“其他新鲜的同类花也会有类似的香味”。但我们的推理不能是这种形式：

这个等腰三角形底角相等。

所以，所有等腰三角形底角相等。因为如果是这种形式，就不是间接推理而是直接推理，而且是不合理直接推理。我们必须有两个前提，其中一个是全称命题；全称命题与特称前提必须为结论提供一个完整的正当性论证。

为什么从“一个等腰三角形到所有等腰三角形”合理，从“一只服用砷的兔子”到“所有服用砷的兔子”合理，从“一束紫罗兰到所有束同类花”合理？这种合理性是从相互依存原则得出的。这一原则可以表述为：每个特质与其他特质不可分割；特质之间存在一种相互依存的同一性。

我用相互依存表示不可分割的共存（伴随）或不可分割的前件或后件（因果关系）。如上所言，相互依存原则可详述如下：

每个事物的特质都包含一些伴随特质，并且每一次改变或事件都有某种因果关系；并且，不仅任何给出的情况都有这种联系，而且这种联系也是一致的——不但每个特质与一些其他特质不可分割，并且它与所依存的性质相似，如：

一些曾经与伴随特质或因果关系相联系的现象总是有联系的——因此归纳间接推论的形式是：

Y曾经的原因永远是Y的原因

X曾经是Y的原因

X永远是Y的原因（=所有X是Y的原因）

或

任何特质曾经是A的伴随特质，则永远是A的特质

BC曾经是A的伴随特质

BC永远是A的伴随特质（=所有BC是A的伴随特质）

并且因果关系的一致性取决于伴随性质的一致性——断言事件B伴随事件A发生，依赖于与事件相关主项的共存性，即主项属性意思的变化（上述归纳推理）可用推理形式表达——用选言形式表达别扭且不恰当。

如果看到一只动物服用砷后死亡，因此得出结论“另一只名字相同的动物服用相同剂量的砷会死亡”这一推理，并未基于对动物和药物所具有的特定恒常一致性特质的假设——这种一致性是否能使得，当两个主项相互作用，第一个例子得出的结论也会同样在第二个例子里出现？如果两个例子中砷的性质不同，或者第二只动物虽然看上去与第一只一样，但内在组成不同，就没有理由一定会得出第二只死亡的结果（参见密尔《逻辑学》第22

章，第2节）。这种一致性——主要是共存的一致性——是我们寻求的，我们不断发现新情况，让我们能断言如果主项具有某些并列特质，那么它们会发生一些特定的变化。因此，更迭规律取决于主项特质的共存定律。另一方面，我们无法断言新主项属性的新并列情况。

而且如培根预测的，不是每种特质都有某种其他伴随特质，每种特质都自成一类、不变且不可分割。从我们的举动可以看出我们相信这个观点：从一种气味，我们可以毫不犹豫地推断出附近有玫瑰，或茉莉花，或薰衣草，咖啡或茶，甘草，成熟的玉米，刚下的雪，或一片滩地；从一种声音，我们推断出附近有一个男人或女人，或孩子，或鸟，狗——或是一个具有特定情绪的特定个体。仅仅通过触觉或味觉可以充分描述一个熟悉的对象；仅仅是对一个事物的看法就能说出事物的名称，它具有什么其他特征，它在不同情况下如何体现。例如，如果我看到一个像松鼠的物体，它坐在木门边的栅栏顶端或者坐在一条长椅上，我会毫不犹豫地说它是一只松鼠，并推断如果我吓它，它会以一种松鼠的移动方式逃跑；如果我开枪射击它并检查它的结构，我会发现它有一根脊椎和一个大脑，等等。没有两件事物只在视觉外表或气味、口味等方面相同。比如，从一根骨头可以看出完整的骨架；从对一个特殊症状的改善可以得到整个疾病的诊断。

在任何情况下我们都遵循一条规则：如果有某物X在一个方面像另外一个事物Y，则它在许多方面都与之相似。但要承认，这个规则和相互依存原则并不适用于所有情况——在实际应用的情况中，我们不仅要知道相似的现象有相似的相互依存关系，还要知道，给出的情况是哪种相互依存关系。那么，如果在给出的情况中，该如何判断这点呢？例如，依据什么来证明“香味这种特殊性质与白色紫罗兰的不同形式、颜色等特征不可分割”合理呢？如何证明“三角形底角相等与三边相等不可分割”合理？如何证明“损坏动物生命的破坏力与砷的特征如味道、颜色比重等不可分割”合理？我想我们应该说，之所以相信香味的相互依存情况，是因为无论在哪里闻到这种香味，总会发现紫罗兰——而不是伴随玫瑰、天竺葵、雏菊、木犀草等出现。所有香味与紫罗兰出现情况的关联性一致。根据这个一致性，我们得出结论（通过求同法），香味和许多特征属性形式（如颜色等）与识别白色紫罗兰相互依存。

如果讨论上述推理，我们从未见过一朵没有香味的新鲜白色紫罗兰，那么我们可以延伸结论至气味和其他属性的依存关系，发现不仅气味的存在会伴随其他性质的存在，气味的缺失也会伴随其他性质的缺失。因此，我们可以通过对存在与缺失进行求同，或对求同法和求异法进行组合得出结论。

这种一致可以表达成——

求同法：

如果根据经验，F总是伴随着QWV，则F与QWV不可分割，因为F一直伴随；所有F与QWV不可分割，并且F所有的情况都是QWV所有的情况。

对存在与缺失进行求同。

如果根据经验，F的存在总是伴随着QWV的存在，F的缺失总是伴随着QWV的缺失，那么F和QWV不可分割。因为F的存在和缺失总是有伴随，所以F与QWV不可分割。

并且F与QWV的不可分割关系中，F的所有情况是QWV的情况，且QWV的所有情况就是F的情况。

（后一种也可以表述为：如果F没有QWV就不出现，且QWV没有F就不出现，那么F与QWV不可分割，等等）

这里我们通过讨论几个同时存在和同时缺失的情况得出不可分割性。我们的结论基于一个原则，即无论在哪儿都同时出现的特质一定不可分割共存。如，在花的形式、生长等方面和伴随香味之间认识到任何内在联系。

但是这与“三角形边（ES）相等与底角相等（EAB）的关系”情况不同。这里ES和EAB是直接认识——证实了一个例子，就可以得到不可分割性——我们看到，如果边相等则角一定相等，如果角相等则边一定相等。正是由于这种不可分割性的实际认识，数学归纳中一个实例足矣，不需要用归纳法，并且认为数学概括是确定无疑且独特的。这种不可分割性显而易见、不证自明，无需用假设（如紫罗兰的情况）来解释共存反复出现的情况。

在致命毒药（如砷）的例子中，关于砷的性质特征（味道、颜色、比重等）与毒性不可分割，这个结论是通过求异法得出的。我们观察到，将具有味道等特征性质的实物引入动物系统后，动物快速死亡，论证如下：

如果A的引入伴随D的出现，则A与D不可分割；A的引入伴随着D，因此A与D不可分割。

当然，我们可以理解为A的引入是唯一可能导致D的因素。用求异法进行一次仔细的论证就足以证明相互依存关系。如果给一只健康的动物注射一剂新物质，动物马上抽搐，随后死亡，那么没人会怀疑这个物质的毒性。或者举一个非常普遍的例子——如果把一块糖放入一个装有咖啡和牛奶的杯子里后，尝到了没加入糖之前没有的甜味，那么我很确信这块糖所具有的颜色、重量等性质，与溶解液体后变甜的能力之间有联系。

或者假设我的火产生了浓烟，然后我关上了开着的窗户，紧接立马停止冒烟，可以得出“开窗是冒烟的（部分）原因”的结论。或者如果我戴着蓝色的眼镜，所有东西看上去都是蓝色的，然后我戴上绿色的眼镜后，看到的东西不再是蓝色，得出结论：所有东西看上去是蓝色，是因为眼镜是蓝色的。

剩余法是求异法的一种形式。这种方法很有价值，小到解决日常的生活问题，大到科学调查都经常使用。例如，如果在一个大罐子里倒上蜂蜜，而我曾经称过罐子的重量，那么称量蜂蜜最简单的方法是，称量整个的重量，再减去空罐子的重量。假设空罐子2磅重[1]，加上蜂蜜重12磅，那么用12减2即可得到蜂蜜重10磅。

这个例子如下表示：

	（罐+蜂蜜）	是	（重量是2磅+10磅）
	（罐）	是	（2磅）
所以	（蜂蜜）	是	（10磅）

（罐子）和（2磅）被减去，剩余留数（蜂蜜）和（10磅）。

已知天平上除了罐子和蜂蜜没有其他东西，两样加起来重12磅，罐子本身重2磅。因此，一边的留项10磅一定属于另一边的留项蜂蜜——蜂蜜的加入导致重量增加10磅。因此知道，罐子的另一个不可分割的属性，是它能装10磅重量蜂蜜的能力——与10磅蜂蜜的其他属性不可分割的是填充罐子的能力（或任何相同尺寸的容器）。

共变法也是求异法的一种形式，顾名思义，这种方法指在两个现象中，

[1] 磅：英美制质量或重量单位，1磅合0.4536千克。——译者注

一种现象的数量随另一种变化而变化，由此得出两者的不可分割性。如果发现在茶里放两块糖比放一块糖更甜，加入第三块糖让茶更甜，根据共变法可证明这种情况下糖具有甜这个性质。或者如果我们发现气压表随着天气变差而下降，随天气变好而上升，根据观察可推论出大气状况与气压表高度之间的相互依存关系。

我们也许可以对这些方法所依据的前提条件（参照密尔的实验研究方法）：

如果从未发现过没有B的A（或没有A的B）；或者如果引入A后得到B，或如果去掉A后丢失B；或者如果A数量的变化随着或引起B的变化；或者如果在任何明确标记的一组属性或事件（AC−BE）中，C和E相互依存——那么A和B相互依存。

为了便于说明，我们把关于砷的归纳概况所涉及的推理在此作全面阐述：

如果引入一个现象（如砷）伴随着第二个现象（如死亡）的发生，那么两个现象相互依存；

在特定情况下，砷的引入会导致死亡；

所以，砷和死亡在特定情况下相互依存。

这里（首先假设特定情况下任一现象与一些其他现象不可分割）通过求异法，证明两个特定的现象（即服用砷和死亡）是（在特定情况下）不可分割的（因为引入A伴随着D）。讨论的相互依存的现象不是共存，而是前件和后件，它们涉及因果关系，因此我们继续推理：

如果砷曾经是死亡的原因，砷将永远是死亡的原因

砷曾经是死亡的原因

砷将永远是死亡的原因

即

所有砷是死亡的原因

这里我们借助因果的一致性原则，从特例中证明了一般规律。

在类比归纳论证中，所依赖的相互依存关系通过已知或假设的依存关系复杂性或数量推理而来。例如，如果已知两个对象X和Y共有大量相互依存属性（用ABCDE表示）——而发现X还具有属性F，我们得出结论F与组（ABCDE）相互依存——并且因此Y也具有F。还有一个重要假设，如果大量属性出现在一个以上的个体中，那么这些属性不可分割——如果任何对象，它的许多属性都不可分割，那么这里有一个重要假设，即它的任何其他属性也不可分割。在类比中，我们表面上从特殊到特殊，实际上是从特殊到普遍。

如果一个植物学家在探索一个新地区时发现一种他不认识的花，这种花有非同寻常的形状和颜色，并且在近距离接触时闻到一种特别的香味。然后他又发现另一朵在形状和颜色上与第一朵完全相似的花——那么他就有理由认为第二朵花会和第一朵花有相同的气味。他在这个推理过程中运用了类比。他的想法是：第二朵花在形状、颜色、大小等特征上与第一朵花相似，因此两朵花的形状、颜色、大小等肉眼可见的属性是相互依存的，在第一朵花上观察到的其他属性可能与许多可见属性相互依存，并且如果在第一种情况下有几个属性相互依存，那么它们在第二种情况下也相互依存。因此在所

有情况下，相互依存原则包含这样一条公理：不存在两样东西只在一个方面相同，在这里我们还可以加上：不存在两样东西只在一个方面不同；不存在一样东西只改变一个方面——如果观察到两样东西在一个方面不同，我们可以推论还有其他不同；如果观察到一个人或一样东西在一方面发生改变，我们可以推论还有其他方面改变。还有两个与之互补的公理是：不存在两样东西在所有方面相同；不存在两样东西在所有方面都不同。

我们在实践中遵循的准则也许可以这样说，表面的相似、不相似或改变伴随着非表面的相似、不相似或改变。在归纳概括中，有一个特征元素基本将其区别于所有逻辑处理的命题关系，即发现元素。因为，归纳的条件就是在特殊中感知或认识普遍。归纳似乎有三个方面或阶段：第一，认识一个或一些特殊情况下现象的关系（共存或相继）；第二，证明一个或多个情况下的联系是相互依存的；第三，从已知情况延伸至未知情况，认识到特殊的相互依存关系包含于普遍依存关系中。密尔对归纳论第一个方面，以及惠威尔对第三个方面的处理都以此为背景。第一个阶段是假设部分。显然这个阶段在时间和逻辑上都在第一个。在证明或调查出A和B的相互依存关系之前，首先必须认为A和B有关联，必须先有A伴随B或引起B的概念。

这个假设可能简单可能复杂，可能容易可能困难，但这是每个归纳情况的起点。

此时，逻辑的任务是在肯定任意假设前，满足假设成立的条件。这个条件应该：第一，这个假设应该与其他知识协调一致；第二，它必须（至少部分）解释并关联其陈述的事实。

剩下的归纳逻辑任务是证明这个假设和从已知到未知情况的延伸。

在本章中我谈到了假设，以及可能涉及这种证明的命题关系，但假设本身（相互依存关系等）可能需要证明。在可能给出的证明中，这些假设必然包含于所有归纳——我们不断做出这些归纳，且毫不犹豫地相信且依赖于它们。如果我们接受这些归纳，那么必须一直接受它们涉及的原则。如果我们不接受这些归纳，我们便会陷入一张无望的不一致的网中。在后文的章节（第十九章）中，我们会看到归纳原则与重要直言断言条件的表达原则在多大程度上相同。

第十四章　推论间接推理

推论间接推理（或论证）由推论命题和直言命题组成。一个纯粹推论论证（1）包括三个推论命题；一个混合推论论证（2）含有一个推理大前提、一个直言小前提和直言结论。（1）可能是假言命题（a），或条件命题（b）；（2）可以是假言-直言命题（c），或条件-直言命题（d）。（a）（b）（c）（d）有不同的标准。

推论三段论表。

推论间接推理（或论证）是由推论命题或推论命题以及直言命题构成的直接推理。

论证有两种，称为：（1）纯粹推论论证；（2）混合推论论证。

纯粹推论论证，是指结论和两个命题都是推论命题的论证；

混合推论论证，是指大前提是推论命题，小前提和结论是直言命题的论证。

纯粹推论分为：（1）假言；（2）条件；混合推论分为：（3）假言-直言；（4）条件-直言。

以下分别是（1）（2）（3）（4）的标准：

如果一个命题A推出另一个命题C，而C可以推出第三个命题D，那么A可以推出D，且非D推出非A[1]；

如果一个类别的任一所属部分K中存在一个不同成分D，那么可以推出另一个成分M；如果在任意K中存在M，那么可以进一步推出存在M'；那么从任意K中存在D可以推出存在M'，从任意K中不存在M'可以推出不存在D[2]；

如果一个命题C由另一个命题A推出，那么A的断言可证明C的断言，C的否定可证明A的否定；

如果从一个类别的任一所属部分K中存在不同的成分D可以推出某个成分M，那么任意K是D的断言可证明K也是M的断言，任意K不是M的断言可以证明K也不是D的断言。

[1] 一个有效的推论论证在直接应用它的标准前，可能需要对其命题进行换质。

[2] 一个有效的推论论证在直接应用它的标准前，可能需要对其命题进行换质。

表9

- 推论三段论
  - 混合推论三段论
    - **条件直言三段论**
      如果有D是E，则D是F；XD是E（XD不是F）；XD是F（XD不是E）
    - **假言直言三段论**
      如：如果S是P，则P是S；S是P（P不是S）；P是S（S不是P）
  - 纯粹推论三段论
    - **条件三段论**
      如：如果有D是E，则D是F；如果有D是H，则D是E；如果有D是H，则D是F
    - **假言三段论**
      如：如果A是B，则C是D；如果E是F，则A是B；所以如果E是F，则C是D

第十五章　选言间接推理

选言间接推理是指，一个前提总是选言命题或选言命题的组合；一个前提和结论，或两个前提，或两个前提和结论可能是选言命题。选言论证可以是纯粹的（a）或混合的；并且混合选言论证细分为直言-选言（b），假言-选言（c）和条件选言（d）。（a）（b）（c）（d）四类有不同的标准。

选言三段论表。

选言论证可以定义为：一个论证中，一个前提是选言命题或选言命题的组合；一个前提和结论，或两个前提，或两个前提和结论是选言命题。

选言论证（或间接推理）可分为：（1）纯粹；（2）混合。

一个纯粹选言中，两个前提和结论都是选言命题，如：

C是D或A不是B；

E是F或C不是D；

E是F或A不是B。

混合选言分为直言选言和推论选言。

直言选言，即论证的组成部分（大前提、小前提或结论）不是选言命题就是直言命题。

推论选言，即大前提总是推论命题，另一个前提和结论要么是（a）一个选言命题和一个直言命题，要么是（b）两个选言命题。

含有二难推理的推论选言三段论可以分为假言选言和条件选言；每个又分为对应混合推理论证的肯定和否定形式（Ponend and Tollend）。

下列标准可表述为——

纯粹选言：两个选言命题中，有且只有一个命题的选言支是另一个命题的选言支的否定（另一个选言支与第一个不同）。

直言选言：任一选言的部分（或更多）否定证明其他部分的肯定。

假言选言：两个或更多假言命题有关联，如果选言肯定前件，那么就可以肯定后件；如果选言否定后件，那么就可以否定前件。

条件选言：（1）任意两个条件命题有关联，如果选言肯定前件的谓项与前件的主项名称相同，那么可以肯定谓项和后件相同；（2）两个条件命题有关联，如果选言断言谓项和后件与前件主项名称不同，那么可以断言后件与前件不同。

表10

- **选言三段论**
  - **混合选言三段论**
    - **推论选言三段论**
      - **条件选言三段论**
        如：如果有D是E，则D是F；
        且如果有D是H，则D是F；
        但这个D是E，或这个D是H；
        所以D是F
      - **假言选言三段论**
        如：（肯定）如果E是F，G是H；且如果K是L，G是H；
        但E是F，或K是L；
        所以G是H。
        （否定）如果E是F，G是H；
        且如果K是L，M是N；
        但是G不是H，或M不是N；
        所以E不是F，或K不是L
    - **直言选言三段论**
      如：E是F，或E是H；E不是F；
      E是H
  - **纯粹选言三段论**
    如：C是D，或A不是B；
    E是F或C不是D；
    E是F或A不是B

第十六章　划分、分类和系统化

一般来说，在方法上可以规定，任何情况都不能忽视目的：应避免同义重复、晦涩、不协调和不相关；应该清楚阐明对象各部分的关系；作为基础的命题应该是不证自明的，或从一个不证自明的命题推导而来，还有一些其他能满足选择和表达的条件，但它们不能简化为规则。分类要与分级区分开，后者与定义联系紧密。分级指将一些具有相似特征但数量不同的对象组合在一起，这些特征是在一类名称的定义中展开的。分类关注的是一些类的关系，组成类的对象是个体组成的体系成员。分类或系统化的功能是把任意一组相关事物的差异统一起来——分类和划分是从不同的角度看同一事物。划分从同一到区分；分类是从多样到有序还原。好的划分或分类应该与目的相吻合；同级类别不应该重合；并且在划分和分类的每个阶段，同级类别应该在延伸上与其在其他每个阶段和最好属相同。从分级和分类我们可区分系统化——对整体和部分（无论是单个对象还是一组对象）之间的关系以及与其他整体的关系的整合。系统化可能经常包含分类。

在讨论直接推理和不相容命题的章节中，我们特别关注两个命题的推理关系；在讨论间接推理的章节中，我们解决了两个命题和第三个命题的关系问题。这一章我们将探讨分类和系统化的方法问题。

也许到这里才最适合探讨命题和命题组的一般位置问题，以便交流和记录知识点。这就如定义的情况一样，虽然正在朝好的方向努力，我们制订的规则也并不能保证得到一个好的结果，但破坏规则会造成坏的结果。简单来说，每本论述或论著的目的都应该记住：避免重复、晦涩、前后矛盾和不相关的内容；应该清楚阐明主题下各部分之间的关系；并且作为基础的命题本身应该是不证自明的，或从其他不证自明的命题推导而来（当然，我们不能从需要证明的陈述开始：如果认同这一点，那么就应该从已给出证明的陈述开始；从一些无法证明的陈述开始，以及从不证自明的陈述开始）。

要做出合适的选择并清晰表达的另一个条件是拥有敏锐、睿智、聪明才智、勤奋、训练技能和其他智力和道德上的品质，这能使人在规则无用或尚未制订规则的情况下做出正确抉择和有效猜测。

分类与划分有着密不可分的联系，应该与分级区分开来。分级与定义有关，它是将一系列具有相似属性的不同个体进行数量组合，这些属性是类名定义的延伸。

分类是指一系列类别的关系，组成类别的对象是个体系统的部分。这些关系可能是一些相对命题，如三角形分为等边三角形、等腰三角形和不等边三角形等，但为了方便理解通常用图表表示。例如，一张家庭关系图表清晰简洁地展示了人与人之间的关系，没有图表的帮助，用命题展示这种关系会变得单调乏味并可能容易混淆。这种功能与地图或图示法十分相似。

在所有情况下，无论什么表现形式、分类或系统化，其作用都是方便理解对象之间的关系，揭示任何组中相关事物之间的差异统一性。

从上文可以看出，分类与划分是联系在一起的——可能划分与分类是从不同角度看同一事物；体现表示划分的表同时也表示分类。划分是从统一开始，从而把它区分开来；分类从多样性开始，一步步简化为统一，或至少有序排列起来。如果分类最后没有统一，那就不是一个划分，而是多个划分。一个图表最便捷的是从统一开始——也就是一个划分。在威尔的《新工具的更新》一书中，一些图表就是逆向排列的一个例子，这是在合成，是自然形成的；对于以分析为主的情况，划分是最合适的形式。

一个划分或分类中，除了最高属和最大的类，任何组成类的定义都可以通过取该类的近属并加入种差得到——即，特殊附类和属的其他部分所具有的特征。如，附表中的“第一格”（见表11）。

表11

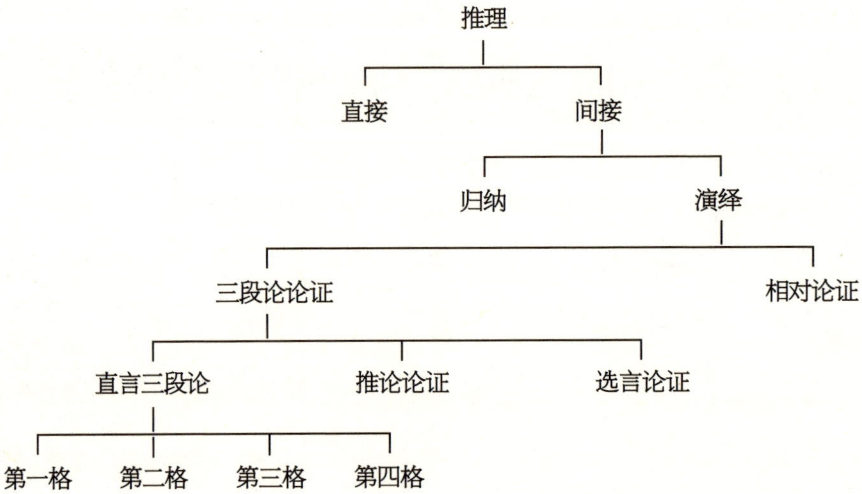

“第一格”可通过给出的近属（或上一个类）来定义，在此基础上将其与“第二格、第三格和第四格”加以区分。因此，“第一格”是一个直言三段论，其中项是大前提的主项，以及小前提的谓项。

一个好的划分或分类应该满足：并列类不能重叠；并列类在划分和分类每个阶段的外延都应该与最高属的外延相同。例如，下面的划分或分类（见表12）。

表12

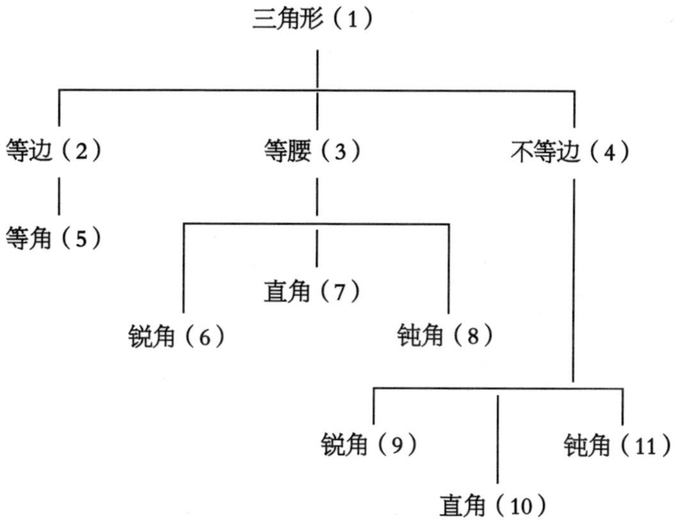

并列类（2）（3）（4）不重叠，（5）（6）（7）（8）（9）（10）（11）不重叠；并列类（2）（3）（4）与（5）（6）（7）（8）（9）（10）（11）的外延相同，这两组的每个类都与最高属（1）的外延相同，也就是说，它们拥有相同的对象。

如果认为分级是（a）质量相似而数量不同的对象组合，分类是（b）相互关系的组合排列，那么还剩下第三种排列，即（c）在相互关系和与整体的关系中，部分与整体不同（无论是单个对象或一组对象）。这可以称为系统化，与（a）和（b）区分开来。它似乎比分类更适用于，如科学之间的相互排列，有机物部分与整体（如人体）的关系，家谱关系排列，数量整体的细分（如1千克，1平方米）等。

可以看出，系统化通常包括分类。例如，我们把逻辑科学主体本身视为一个系统，它包含许多分类——如词项和命题的分类。同样，在形态学中，这是个系统而不是分类科学，包含许多分类。

第十七章　定义和语言

任何词的定义都是指一个词意义或内涵的陈述，即我们所应用于名称所依据的特征陈述。如果把事物所指代的特征包含在名称的内涵中，那么每个名称都可以定义。但是定义专有名称是没有意义的，因为在这种情况下，定义永远无法指导我们首次使用这个名称，一个使用例子也不能指导我们在另一个例子中使用这个名称。表达定义的语言应该是清晰简单的，不同义重复的，同时用肯定语气（尽可能）；定义的词和定义必须外延相同，并且定义表达的特征应该包含于名称内涵中。最重要的定义是类名称定义，而分级与定义有密切联系，因为分级指将一些具有特征相似、数量不同的对象组合在一起，而这些特征构成的内涵在定义中延伸。分级和定义都与归纳法相关，因为类名称可视为归纳的结果，每一个总结为类名称内涵的新归纳都可以用名称定义来表达。但定义最大的困难是确定内涵。这个困难源于所有对象都有大量的多重性质（其中包括与其他事物的相似性与差异性）；并且因为没有定义能表示对象集合所包含的所有特征，因此必须从许多可能的特征中做出选择。这个选择应该主要根据符合目的性来确定；它也应该尽可能符合用法，并同时保持一致性；最后，所选择的特征应该令人印象深刻、与众不同。任何词语在断言中的作用很大程度上都取决于语境，包括可能伴随于个人印象的独特语境。但与任何词语对应的概念应该在一些方面与所有人对外延和内涵的理解相似。

一个词的定义是指关于词意的陈述，也就是说，这个陈述体现这个名称所具有的特征，如果缺少任何一个特征就不能用这个陈述表达。我们认为，所有名称都可以定义，只要把名称所指的特征囊括在名称意思的特征中（当然，每个名称都是一个特征，这对于我们而言是个非常重要的特点）。基于这个看法，即使是专有名称也有定义，关于这个名称，定义所提供的信息非常少；对于那些已知的专有名称，我们只能断言：（1）是所有主项属性共有的；（2）独特的个体；（3）特别的名称；（4）叫什么名字。举个例子，从使用场合、书写方式或其他理由，我们能得知一个名称是专有名称，如里士满。我能肯定地断言，这个词指代的任何对象（作为专有名称）与所有主项属性有相同特征，是独特个体，有特别的名称，即里士满。出于某种目的——如对某些名字的出现频率统计——按名字对个人分组或许有趣且有用，就像字典或索引按字母顺序对单词进行分组便于参考一样。大多数人认为，这种分级是高度人为的，也就是说，它们似乎不是按事物本身所体现的内容分类的（例如，将动物划分为鸟类、鱼类、爬行动物和昆虫）——且就生活的一般目的而言，一个人的专有名称是什么不重要，重要的是他和其他人应该以什么名字为人所知。因此，尽管可以给专有名称一个模糊的定义，但这个定义并不常用。它不适用于新的情况；并且知道如何运用于一种情况，并不能帮助我们了解如何运用在另一种情况。但是对于属性名称、形容名称和普通名称（如三角关系、红色、蕨类植物），这些名称的组合（如一棵大橡树）以及三者的混合名称，既可以给出定义，便于识别，并且了解一种情况的使用，又可以帮助我们运用于其他情况。

对于那些重要的基本词汇，如白色、寒冷、可见的、有形的、液体、痛苦、快乐等（参见密尔《逻辑学》第155页，第九章），要理解并使用它们，必须有词汇指代事物的相关经验，并明确了解事物名称在一些特定情况下的使用。除非感觉过，否则我不会了解感觉一词的含义；除非我看见过颜色，否则不会知道关于颜色（如红色、蓝色等）的词汇意思；除非在个人经验中，曾经把名称与事物对应起来（或者知道名称的等价物），否则无法知道如何应用名称。同样地，还有堂吉诃德式个性、约翰逊主义、亚里士多德等词汇，如果没有相关文章或章节补充说明，就无法理解或定义它们。

我在上文说过，这些名称或知道其等价物的名称，一旦我学会把某个名称与某个事物对应起来，就能通过这个名称学习与之相关的其他名称（显然，在大多数情况下，我们是使用这种方式学习新语言的）。例如，如果我们理解了单词“痛苦”如何应用，我只需知道它与“痛苦、风湿痛”等词外延相同，就能理解这些词语。对于其他一些特定词汇，如“三边、八边形定义”，在事先不了解如何应用的情况下，也可以引导我们使用它。例如，如果我们知道“八”“边”和“形”，也许就能认出八边形这个词语，并第一次见到就能读出它的名称。但需要承认，大多数事物都无法单凭定义指认出来——除非我们实际见过三角形或圆形、玫瑰和贝母、城堡和教堂、橡树和海滩、马和狗、狮子和大象等，无论定义多详细，都无法得知这些对象名称的含义，并且我们对对象本身的看法，不可避免地会很模糊或产生偏差。当然，任何定义都必须在熟悉事物（或它的元素）之后才能形成。

所有名称中，只有专有名称必须针对每个人或每个东西阐述名称的应用——拥有专有名称的对象作用于个体而不仅仅是类别的部分。如果能给个体取既方便又体现重要性质的名称——过去、现在和将来——毫无疑问这种名称将取代专有名称。但这种名称显然是不可能的，首先因为不具备关于个体的类似信息，其次因为如果有这种信息，也不适合使用。对于区分人、事、物的专有名称，最不可或缺的可能是：在任何情况下，都能通过名称明确地指认出已知特定个体；这种功能是专有名称所能实现的。

有些名称完全由属性名称、形容名称和普通名称组成，它们能最大限度地体现内涵，它们实际且必然有一个独特的外延，如：世界上最长的河，古代最崇高的友谊。对于如莎士比亚、伦勃朗这类形容名称，它们具有潜在普遍性，除了莎士比亚和伦勃朗各自的作品，可能绝不会有任何事物能与它们共用名称。但对于大多数形容名称、属性名称和普通名称，它们都有潜在的普遍外延；而这些词的定义一般最常用。在这些例子中，我们关注类别和特征之间的联系——定义可以指导词的应用，还可以体现相关事物的特征。

逻辑手册通常给定义制订一些规则，尽管符合规则的定义可能不太好，但不符合的规则一定不好。这些规则的大意是：一个定义不能是同义重复的，应该简单清晰（尽可能）地用肯定词表达，词语和定义必须有相同外延，定义必须说明且仅说明内涵的属性。可以补充的是，定义一般情况下应该简短，因此定义（任何类名称）的旧规则是，近属和种差能辅助定义。当我们把人定义为理性的动物，或把三角形定义为三条直线围成的平面图形时，我们就是在使用近属和种差定义。这些定义都有效并合适，因为动物、平面图形的术语十分重要，它们显然符合上述的其他规则。

一些最重要的定义都是类名称；并且如前一章所述，分级与定义有紧密联系——因为分类是指把具有相同特征的一系列事物集合在一起，这些特征构成了定义所体现的内涵。分级和定义的关系与归纳的关系十分密切。因为可以说大部分类名称都来自归纳，并且与属性相互依存，或不可分割和统一共存——类名称的对象，因为它是属性的组合，不仅仅是一个或一种属性。例如，“紫罗兰、橡树、松鼠、水、空气、圆圈”。从我们对圆这个单词的使用和意义的认识可以得出，如命题“任何一个封闭的平面图形，其周长的每一个点与其一点等距，都是一个直径相等的圆形”。同样地，从任何其他名称的使用和含义的认识，我们可以构建一个与特征共存的全称命题——当然，每一个概括类名称内涵的新归纳，都通过定义表达。

要给定义下定义是很容易的，它可以体现名称的内涵；但需要进一步知道内涵包括哪些特征，确定内涵是定义最困难也是最重要的一个环节。定义可以体现近属和区别；它清晰、简明、肯定句式且不统一冲突，且定义与定义物完全相同；但如果内涵选择错误，便会形成一个不良的定义。例如，把“人”定义为“没有羽毛的两足动物”或“商品动物”，它们没有违反规则，但相对于一般目的而言是个荒谬的定义。或许选择内涵唯一有用的一般规则是：（1）内涵应尽可能符合用法——非技术性词语，学术普遍认可（即目前的演讲和书写，作家标准和公认词典）的一般用法；如果是术语或准术语（俚语、科学术语、方言等），选用公认最专业的词汇（就我们所知，以类似的方法选出最优秀的律师、医生、演说家、艺术家等）；内涵应该：（2）一致的；（3）符合目的（参见西奇威克《政治经济学原理》第二章，第54页）；（4）尽可能让内涵表现的特征与众不同、留下印象。当然，在所有情况下，任何定义的变化都受到外延的限制。任何重要的语言都拥有大量的词汇，但外延都是固定的，不了解外延的人便无法了解这门语言。

由于任何定义都有明确的目的，并且每一类对象都有许多共同特征，也可以从不同角度看待，因此，类名称容易受许多定义影响，而外延保持不变，例如“人”可以定义为（居维叶认为，为了表明人在动物中的特定类别）有两只手的哺乳动物；或理性的动物；或可以说话的动物；或为自身行为负责的动物。然而，尽管认为外延固定，但依然经常出现一个“不规则使用边缘”——认可的定义所必须避免的不一致边缘。如“希腊人”这类“死语言”，是完全固定不变的。有一种文学中有一种“活语言”，虽然在任何时候都有固定不变的词，但随着风俗习惯和生活的改变，随着新知识的增加，以及新发现、新分析和新综合的出现，对于一些老词就不得不修改，选择一些新的词汇——不可能用老瓶装新酒，不可能把一个不停生长改变的躯体限制在短小、干燥的皮肤里。显然很有必要为每一个新事物命名——一门实用语言的首要条件之一便是有足够的名称。一门语言，如果它有足够的名称和其他词汇，每个名称有明确一致的外延，内涵清晰可知，没有包含两个外延的名称，没有名称是其他名称的同义词，那么这种语言将几乎是一种最理想的记录交流工具。这种语言能避免许多常见的错误诱因——同义词是同义反复的原因；有些词之所以意义模糊是因为它们含有多重意义（例如，木板、自然、兴趣），或有疑惑的意义（例如，美、自然的、奢华的），从而产生谬误和混淆；由于缺乏合适的术语，只能使用一些迂回、不合理的表达，或老词新意（增加歧义），或一些陌生的新词。

尤其对于一些模棱两可的词，它们在断言中的作用往往取决于语境；不仅是语言上的语境，还有为表达的环境语境——这种环境甚至包括在页面上的位置、类型等。对语境的依赖程度各不相同：如果词语超过一个外延，如果不参考语境就不能断言。但在外延确定的情况下容易定义。另外，如果一般外延确定，那么意义很大程度上取决于语境。专有名称的外延似乎完全取决于语境。

如果外延和定义都有争议，那么独特的个体语境对于词汇使用者而言就十分重要，并可能误导词或短语的实际功能和作用，因为此时词汇主要取决于联想建议。在这一点上，我们发现许多争议的关键——密尔和杰文斯关于专有名称的争论。密尔认为专有名称无意义，因为它并没有传达任何信息；但另一方面，杰文斯认为专有名称传达的信息比任何其他名称传达的信息都多。如果我们意识到一个问题，这个争论便失去了理由。即杰文斯所理解的是，当一个人知道一个个体时所唤起的联想和建议；他意识到，任何专有名称（如约翰·史密斯）在认识这个人之前毫无意义；他也会承认，在认识这个人之前，专有名称并不能帮助我们了解它的外延，因为“约翰·史密斯一定不会把名字写在额头上”。另一方面，密尔考虑的是专有名称除了特殊关系和个人经验外所能承载的个体信息量。

同样还有个实际问题，一个人可能看到一部分属性而另外一个人看到另一部分属性——即使他们承认词汇有相同的外延。例如，假如“乡村”是一门散文课的主题，一个散文家在写作时想到的可能是夏日的西部乡村；而第二个想到的可能是秋天的海边或沼泽地；第三个想到的可能是冬季风吹的山坡住宅。或者假如在一张逻辑学试卷中，一个问题问到“归纳”，一个考生在回答时可能只想到不同于归纳法的发现元素；另一个可能想到的是已有的归纳法证明方法。或者（一个十分常见的例子）当一个人想到的是某个或某些实际例子，而另一个人对应的是另一个例子——可能名称的外延相同，但实例指的可能是个体属性而非类的共有属性。例如，两个来自不同家庭的小孩，谈及“家庭”或“父亲”这两个名称时，他们可能无意识地给整个类加上独特的属性组合，此举或多或少与他们自己所处的特殊环境有关，并且一个小孩添加的属性在一定程度上不同于另一个小孩添加的属性。可能是技术性名称——例如多足蕨属、猩红热、易感、氧气，它们最不容易有歧义，无论是外延还是内涵，即使不考虑语境或甚至于没有断言（如字典的纵列），也不会怀疑它们的含义。

实验似乎表明，人们在使用名称时所产生的“心理等价物”似乎有很大的不同。以“动物”为例，对于理解这个词的外延和内涵的人而言，与这个词相对应的概念某些方面一定。但除了这个共同元素外，某个人的脑海中还会浮现出名称的简单印刷体或特定的手写体，或印在某本书封面上的文字，或者会浮现出有动物插图的“图画字母表”，或关于某个动物的智慧故事，或一只宠物，或照顾的第一只宠物，或房子里的猫，或说出这个词时所做的动作，或在魔法灯展、美术馆上看过的动物描绘，或诺亚方舟，或仅仅只是一个不成形的移动物体。若专注想一个词能想出一连串概念；若是快速阅读书画就可能只会想到一两个。在后一种情况下，人们只短暂思考一个词本身，虽然时间短暂却能反映出合适的内涵和外延来理解它。如果阅读或听到一个不知道意思的词，可能立马会因妨碍认知产生卡顿和不满。这里用一个例子进行说明：一个人用一种相对熟悉的语言快速阅读一篇文章并试图翻译出来，而这篇文章或多或少含有一些无法理解的词。这位翻译能连贯地理解一些词的含义，是因为他知道词的内涵；而在遇到陌生词汇时他也能马上感觉出来。

普通名称和专有名称在一些人的印象中可能有个“一般形象”。例如，“马”这个词可能表示一种模糊的形象，就像从雾中看马，定义足以让人区分马和其他生物，但不足以确定马的品种、颜色和大小等，更不用说区分个体了；“四足动物”可能只模糊用腿这个元素指称一个基本形象，就像儿童绘画一样，等等。我们对许多熟人甚至朋友的印象可能非常模糊——只够让我们在遇见时认出来，但不足以细致地描绘或形容出来，或者甚至无法说出识别他们的标志。

巴特勒举了这样一个例子，他假设“让一个人做一些劳作，承诺了一个巨大的报酬但没有告知他奖励是什么”。我想，这个人关于奖赏的思想状态，本质上与他对脱离语境的普通名称的心理状态相吻合；当然，名字通常伴随语境出现，共同决定它们的心理等价物[1]。

[1] 在这章和其他一些章节，我引用了自己的书《逻辑元素》中的段落。

第十八章 谬误

混淆本身不应该视为谬误，而是谬误的根源。所有谬误包括：(1)辨别不同的事物；(2)辨别相同的事物。因此，我们把谬误细分为：(1)伪称的同一性，或间断性；(2)伪称的差异性，或同义重复的。在一分类下，定义、划分和分类的谬误可能会自然产生。谬误是指对于词项或命题某种关系的不存在的断言或谬误。或从狭义上来说，当我们从一个或多个命题推出另一个命题，前提是无法证明结论合理，这就称为谬误。所谓半逻辑和物质谬误可还原为形式谬误——基本谬误，或演绎谬误，或三段论谬误，或循环谬误。除了形式谬误，还存在只伴随相对命题出现的谬误。

谬误表。

混淆经常是谬误的根源，但不能说混淆就是谬误，因为只要有混淆，我们就要怀疑实际的命题是什么或真正的含义是什么。混淆可能是因为某个词项或词项组合（词项名称或词项指示词）(a)意思模糊。“乞词术”就是属于这类谬误的原因。例如词汇“高效的、正统的、缺乏艺术的、非英语的”通常用于乞求句中，原因是除了实际内涵外，这些词还带有一种模糊的称赞或责备含义。在这个基础上，它们可能有明确的谴责或认可，但这个词本身无法证明其合理性，或只能用迂回和重复的方式证明——“乞求论证”。另外，（b）混淆可能是由于结构的模糊性。或者（c）语境或含义的模糊性。所谓“连续提问谬误”，可能指第三种混淆。例如，如果我问“你是否认为重量超过1磅？”如果他的“对象”没有重量，那么他回答问题的困难在于含义或引用的模糊性，因为问题的词项和结构不模糊。“为什么死鱼比活鱼重？”是另一个常见的谬误问题。这些情况似乎假定存在必要条件和有效答案，却没有给出其他问题的答案——事实可能并非如此。在其他谬误问题案例中，谬误（只要有谬误）可能源于结构模糊。例如，“你准备好了吗？”“你读过罗伯特·埃莱米尔和约翰·沃德的书吗，牧师？”“比利和科林在学校吗？”

模棱两可的谬误源于词项的模糊性；意义含糊的谬误源于结构的模糊性。谬误构成（对全部断言组成的结论）、划分（整体中断言部分的结论）、例外（从普遍规则到特殊案例的争论——把格言简化为一个）、例外的逆谬误（从特殊案例到普遍规则的争论——一个简单的格言）以及从特殊案例到特殊案例争论的谬误，都是模棱两可的谬误。当出现这些谬误引起的混淆时，通常伴随出现多余词项的演绎谬误和多余词项的三段论谬误。

如果一个人认为他的病是感冒，而所有寒冷都能通过热度驱走，就因此认为他的感冒能通过热度驱走，那就陷入了一个简单的模棱两可的荒谬——“cold”有两层不同的意思。工会成员经常出现谬误构成。他们认为石匠可以通过限制学徒来增加工资，木匠也可以，砖匠、工程师、棉花纺织工等所有贸易名单上的职位都可以。的确，一类工种可以在一定程度上使用这个方法，但不能所有工种同时使用，因为一类贸易工种提高工资，将在某种程度上损害其他贸易工种的利益。同样，我们有时会回陷上文的逆向谬误，认为因为一组事物的整体为真，所以组内每一个事物皆为真。“一个团的所有士兵可能都占领一个城镇，所以认为每一位士兵都能单独占领这个城镇”（参见《杰文斯逻辑入门》），这是划分谬误。“因为故意杀人应处以死刑，所以在战争中杀死士兵的军人均应处以死刑”，这是例外谬误。“因为在特定情况下施舍是有害的，所以任何情况下都不应向处于经济困境的人施与帮助”，这是例外的逆谬误。我们发现，所有的这些例子都没有为真的中项，因为两个前提的中项实际并不一样。

同样，称为不合理推论或结论的谬误，有时可简化为多余词项谬误：（1）前提的（简化为没有真中项的情况）；（2）前提的和结论的。例如：

这片海是我的故事发生的地方

那是这片海

所以我的故事是真的

这里结论的词项不是前提的大项和小项。

因果谬误（包括假因谬误和后比谬误）简化为多余词项演绎谬误（A命题的简单换位）。例如：

X的原因在X前，所以，X之前的都是X的原因。

我从梯子下走，然后没赶上火车。我愚蠢地把不幸归结于从梯子下走，而非不守时。一艘船在星期五失事了，一名乘客怪自己笨，在倒霉日出发。（参见克拉克《逻辑学》）

不相关结论谬误可简化为间断性演绎谬误。如，一个人要证明S是Q，论证如下：

M是P

S是M

S是P

并认为这一论证能断言S是Q，这是不相关结论谬误（诡辩论证）。他证明了一个不需要证明的结论。这个过程表达的是：因为S是P，所以S是Q。这样简单地陈述出来，我们立马能看出推理的不合理性，这不符合第十章中关于归纳的原则。为了进一步说明这点，以《潘趣与朱迪》中的人物为例。通过：（1）他们属于英国教会；（2）他们一直在兄弟的自行车上练习，来证明：（1）他们不是弓形虫；（2）他们不属于精神社会。

名为群众论据的谬误是由伊格纳西奥·埃伦奇提出的。经验丰富的律师会在法庭上通过描绘罪犯如果判刑，他的家庭将遭遇如何悲惨的破坏，或试图制造对检察官或证人的偏见，来转移陪审团对真正问题的视线，即囚犯有罪或无罪。（克拉克《逻辑学》第448页）

因为谬误包括识别不同和区分相同，我们把谬误分为：（a）断言区别的谬误，可称为重言谬误；（b）断言同一的谬误，可称为间断谬误。（a）包含所有谬误，如循环定义、假定和循环论证。

广义上的谬误可定义为：对某种关系的断言或假设（1）词项之间，或（2）命题之间不存在的关系。（1）通常不视为逻辑谬误，尽管曼塞尔把它们列为判断谬误，更便捷的名称是基本谬论。所有（i）没有意义（ii）不为真的词组可归为此类。在“A是A”情况下，词项的相容性合并成完全的统一反复。循环定义也属于这类，如：属是物种的主要部分（物种是属的分支）；一些表示无不（无反过来表示没有一些）。“A不是A”属于情况（ii）——多样性合并成绝对不相容性（或间断性）。

广义的谬论似乎违背了定义、划分和分类的普通规则。如：在循环定义和交叉划分中有同义重复；违反了组成物种的总和等于属的规则，或者违背了定义必须与物种定义完全相同的规则，可表现为间断谬误。但狭义谬误可定义为：从一个或多个命题的结论推理出另一个命题的结论，结论不是由前提证明。

这必须用一些例子（同一重复）来理解，一个自称为结论的命题只是简单重复数据或部分数据；或声称用断言证明，但结论可用来证明自己——显然一个命题不能为自己辩护。

从一个命题推理出另一个命题的谬误存在直接推理（或演绎）谬误；从两个命题共同推理出第三个命题的谬误存在间接推理谬误。除此之外还有重言谬误，它涉及多个论证的关系。

直接推理（或演绎）的形式谬误

这些谬误可以分为无根据谬误和横向谬误。无根据谬误可以是：（Ⅰ）直言命题；（Ⅱ）推论命题；（Ⅲ）选言命题。

（Ⅰ）演绎的直言谬误：（1）当两个命题没有相同的词项或词项名称时，从一个命题推理出另一个命题——例如：从“M是N”到“Q是R”。这不是谬误的普通形式，可以成为四个词项名称的演绎谬误；（2）或者从一个命题到第二个命题，（a）包含一个与首个命题不同的词项名称；（b）一个比首个命题中对应词项外延更大的词项，如（a）“所有R是，所以一些X是Q”；（b）“一些R是Q，所以所有R是Q（或所有Q是R）”；（3）或者可以从一个命题本身演绎——从“S是P”推理出“S 是P”。

（Ⅱ）演绎的推论谬误。这里除了重言谬误，即一个命题能演绎出自身，我们可以给出两个间断谬误的例子，即从推论三段论谬误的对应关系看，可以称为：（a）前件谬误；（b）后件谬误。例如：

（a）如果E是F，则G是H；

所以，如果E不是F，则G不是H。

（b）如果E是F，则G是H；

所以，如果G是H，则E是F。

（Ⅲ）演绎的选言谬误。这里除了重言谬误外，还可能存在许多间断谬误。如：（1）所有R是Q或T；

所以，没有R是Q和T；

这是否定谬误。

（2）任何R是Q或T；

所以，任何Q或T是R；

这是转换谬误。

（3）一些R是Q或T；

所以，任何R是Q或T；

这是扩大谬误。

（4）G是H或E不是F；

所以，G不是H或E是F；

这与前件推论谬误相对应。

横向谬误出现在下述命题中：直言命题到推论命题或选言命题；从推论命题到直言命题或选言命题；从选言命题到直言命题或推论命题。所有横向谬误都是间断谬误。

间接推理谬误

三段论（如演绎）谬误分为三种：（I）直言的；（II）推论的；（III）选言的。

I. 直言三段论谬误

在这类谬误中要么（i）没有能推理的结论；或（ii）即使可推理某个结论，表面上可推理的结论实际不可推理——包括重言谬误这种情况，表面推理的命题其实只是简单重复了一个前提，或是重复了其中一个前提的部分断言。

（i）这里所有的情况都可简化为：（A）重言；（B）前提里没有实际中项；（C）不一致前提。

（A）中一个前提重复另一个；（a）所有；（b）部分。

（a）M是P　　（b）所有R是Q

M是P　　一些R是Q

（B）中前提没有实际中项的情况：（a）四个词项名称（不合理推论

或结论可归为此类或（ii）（β），虽然可推理某种结论，但第三个推论命题实际上不可推论）；（b）如果中项的词项名称是用“一些”量化的类名称，据我们所知，一个命题的“一些N”可能与另一个命题的“一些N”外延不同（“一些N”因为“一些”的不确定性而模棱两可）；（c）如果中项的词项名称模糊，同样，据我们所知，可能在两个命题做不同词项。

有唯一一种情况，当两个前提都是负前提时是不可能推理出某个结论的，这些前提不能简化为含有实际中项的肯定前提，即有三个词项或四个词项，其中一个包含于另一个词项中。例如：

没有N是Q
没有R是N
} 简化为 {
所有N是非Q
所有N是非R

和

没有N是Q
一些N不是R
} 简化为 {
所有N是非Q
一些N是非R

两个形式证明结论：

一些非R是非Q。

但：

一些N不是Q
一些R不是N
}（1）

不包含结论。

同样地，例如：

一些N不是Q
一些N不是R
}（2）

从

一些N不是Q
一些N是R } (3)

以及

一些N是Q
一些不是R } (4)

我们无法得出结论——因为“一些N”模糊，我们不知道是否有实际中项。

从两个（不确定的）特殊肯定前提，同样无法得出结论。

从一个特殊的（不确定的）大前提和一个负的小前提，可以（间接）得到结论，如：

一些N是Q 没有R是N }	简化为	{ 一些N是Q 所有N是非R

得到一个形式有效的结论：

一些非R是Q。

从第一格的一个负的小前提可以得到简化为第三格的结论，如：

所有N是Q 没有R是N }	简化为	{ 所以N是Q 所有N是非R

得到形式有效结论：一些非R是Q。

（C）不一致命题的情况有一个实际中项，但在极端情况下为负。如，“P是M，则M是非P”。

（ii）这个情况下，即使有某个其他命题可推理，存在表面上推理但实际不可推理的第三个命题。

这类情况分为：

（α）重言谬误，如——

$$\left.\begin{array}{l}\text{M是P}\\ \text{S是M}\\ \text{M是P}\end{array}\right\}（5）$$

（β）不合理的推论或结论谬误，如——

$$\left.\begin{array}{l}\text{所有N是Q}\\ \text{一些R是N}\\ \text{没有R是Q}\end{array}\right\}（6）$$

（或所有X是Y等。）

［在除（α）以外的所有（ii）情况中，所有三段论都含有多余词项——即包含三个以上词项名称，或结论的某个词项比前提中的对应词项大。］

（γ）不合理大前提和小前提，如——

$$\left.\begin{array}{l}\text{所有N是Q}\\ \text{一些R是N}\\ \text{所有R是Q}\end{array}\right\}（7）$$

$$\left.\begin{array}{l}\text{一些Q不是N}\\ \text{所有R是N}\\ \text{没有R是Q}\end{array}\right\}（8）$$

（结论“一些Q不是R”有效。）

在这两个例子中，一个词项的部分（R减“一些R”，Q减“一些Q”）可能与前项对应词项的任何部分都不一致。

（δ）从肯定前提得出否定结论，如——

所有N是Q

所有R是N

没有R是Q

同样地，我们不知道结论的Q是否与大前提的“一些Q”一致。

（ε）从否定前提得出肯定结论，如——

没有N是Q 所有R是N 所有R是Q	简化为	所有N是非Q 所有R是N 所有R是Q

（四个词项名称）

以上指出的所有的直言三段论谬误都不属于第十二章中提到的三段论标准。[如果任意两个词项的外延相同（或不同），任一第三个有不同词项名称且外延与其他两个完全（或比分）相同的词项，与其他词项（完全或部分）相同（或不同）。]

例如（1）和（2）部分不相容，这意味着两个词项一定有同一性。

在（1）中：

一些N不是Q

一些R不是N

如果“Q”或“一些R”是第三个词项，我们不能说其与两个前提的任何其他词项的外延完全（或部分）相同。

类似的反对还有（2）

一些N不是Q

一些N不是R

同样在（3）的两个前提中，一个前提的任一词项与另一个前提的任一词项（完全或部分）都不相同。（4）也一样。

（5）与标准最后一条的结论（和涉及结论）也不一致，即“任意第三个词项的外延也与其他词项的外延完全或部分相同（或不同）”（其他词项不是中项）。

在（6）（7）（8）等情况中不能说，结论中引入的一个词项完全或部分外延与前提中任何词项的外延相同。

II. 推论三段论谬误

这类谬误对应推论三段论分为四类：

（i）纯粹假言	三段论
（ii）纯粹条件	
（iii）假言-直言	
（iv）条件-直言	

除了每类都包含的重言谬误以外，谬误（i）有两种类型。（1）前提无法得出结论，这种情况下两个前提不存在可推论出第三个命题的联系。

例如：

如果K是L，则F是G

如果D是E，则M是N

如果A是B，则C是D

如果C是D，则A不是B

（2）即使可推导出其他某个结论，两个前提也无法推导出结论。

例如：

如果K是L，则F是G

如果D是E，则F不是G

如果K不是L，则D是E

如果K是L，则F是G

如果D是E，则F不是G

如果D是E，则M是P

（“如果K是L，则D不是E”可以推论）

如果K是L，则F是G

如果F是G，则D是E

如果D是E，则K是L

（结论“如果不是E，则K不是L”可以推论）

（ii）纯粹条件三段论谬误：

只要条件命题与假言命题相似，那么这个谬误就可以归为上述谬误。只要与直言命题相似，条件命题谬误就能归为直言命题谬误。

（iii）和（iv）假言直言三段论谬误和条件直言三段论谬误有相对应的细分。它们包括重言谬误和间断谬误。主要的间断谬误有两种，即：（1）前件谬误，（2）后件谬误。如——

（1）如果D是E，F是G

D不是E

F不是G

如果有D是E，则D是F

这个D不是E

这个D不是F

（2）如果D是E，则F是G

F是G

D是E

如果有D是E，则D是F

这个D是F

这个D是E

这里的谬误也可能是因为（3）中，构成的小命题不包含在大命题里，因此无法得出结论；（4）可能因为构成的结论不包含于前提里，因此结论无效。

III. 选言三段论谬误

在选言三段论中存在重言谬误——

只在前提中。如：

A是B或C是D

C是D或A是B

在从有效前提推理的结论中，（a）结论与前提相同。如：

（a）A是B或C是D

E是F或A不是B

A是B或C是D

结论断言一个前提的部分。如

（b）C不是D或E是F

任何A是B或C是D

一些A是B或C是D

可能存在间断谬误——

在前提中，当前提不是用选言命题连接，即一个前提肯定，另一个前提否定（事先的选言命题与另一个不同）。如：

A是B或C是D

E是F或G是H

A是B或C是D

C是D或G是H

A是B或C是D

A是B或C是非D

从命题推到结论，结论的选言命题不是前提的极端值。如：

C是D或A不是N

E是F或C不是D

K是H或L是M

间断谬误最可能出现在直言选言三段论谬误中：

（1）引入小前提的元素与大前提包含的元素不同——无法推论；

（2）引入结论的元素不包含于前提——结论不合理；

（3）谬误与前件推论谬误和后件推论谬误有关。

同样，推论选言三段论谬误中的谬误可能由于引入不合理的新元素——（1）引入小前提；（2）引入结论。但主要谬误是前件和后件谬误，选言三段论谬误和重言谬误都可能出现。

循环谬误

除了基本谬误、演绎谬误和三段论谬误外，还有一种谬误，在试图证明一个断言时求助于某个命题，而这个命题本身由断言参与证明——谬误涉及多个三段论的关系。循环谬误这个名称说明的就是这种情况。它们出现在最简单的三段论形式中，只涉及两个三段论但可能（且经常）包括几个三段论的关系。下面是几个例子，三段论：

Q是P

M是Q

M是P

它可能需要证明M是Q。如果用三段论：

P是Q

M是P

M是Q

得到一个循环论证。

或者如果有假言三段论：

如果G是H，则K是L

如果E是F，则G是H

如果E是F，则K是L

如果用以下论证证明小前提：

如果K是L，则G是H

如果E是F，则K是L

如果E是F，则G是H

我们又得到一个循环论证。

同样，三段论：

如果杰克是个好男孩，那么他会按要求做事

他是一个好男孩

他会按要求做事

如果继续用三段论证明小前提：

如果杰克按要求做事，那么他是一个好男孩

杰克会按要求做事

他是一个好男孩

我们便反了一个循环谬误。

相对谬误

到目前为止，我们在本章已讨论了形式谬误，即处理绝对命题或非相对命题时出现的谬误。当然我们也有出现在间接推理和直接推理中的相对谬误，即处理相对命题时出现的谬误。和形式谬误一样，相对谬误可以是重言谬误或间断谬误；并且它们都可能违背转换原则或相对间接推理标准。

表13

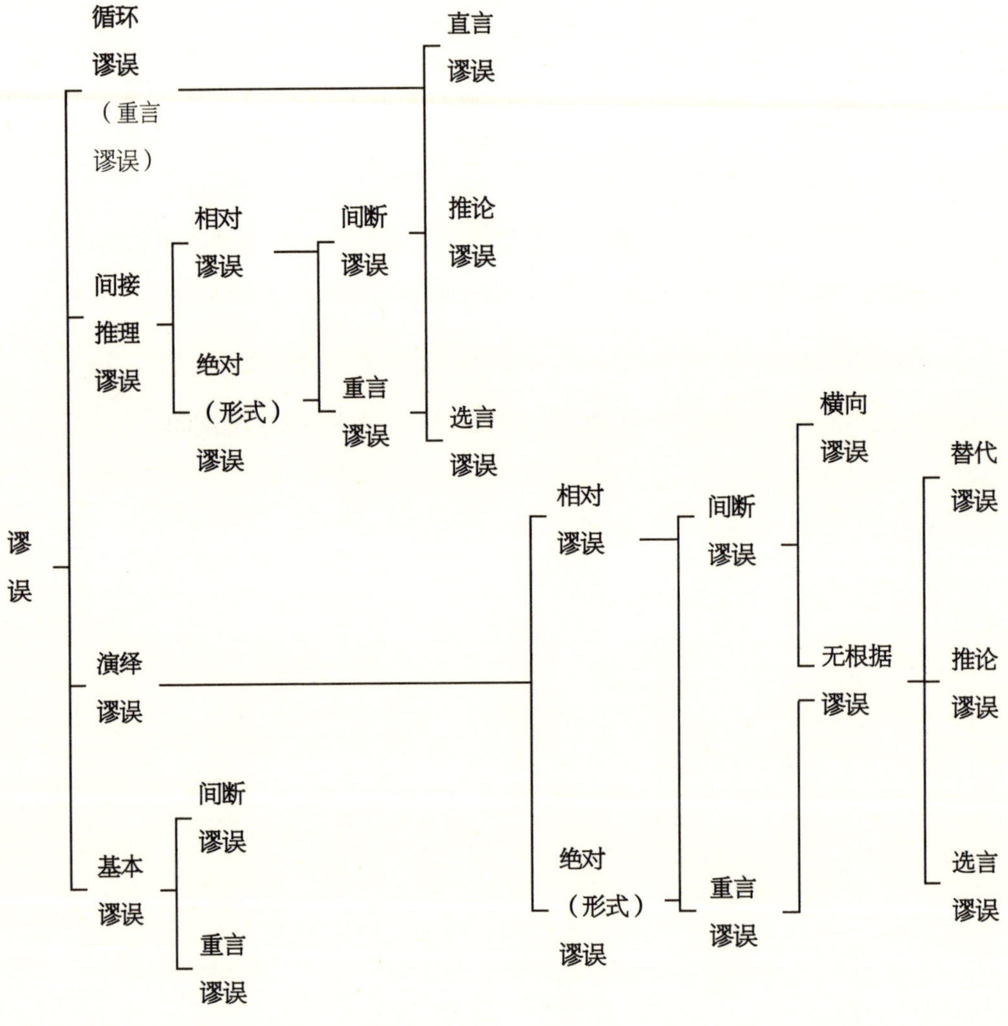
谬误
循环谬误（重言谬误）
直言谬误
推论谬误
选言谬误
间接推理谬误
相对谬误
绝对（形式）谬误
间断谬误
重言谬误
演绎谬误
相对谬误
绝对（形式）谬误
间断谬误
重言谬误
横向谬误
无根据谬误
替代谬误
推论谬误
选言谬误
基本谬误
间断谬误
重言谬误

表14

- **直言命题形式谬误**（演绎和三段论谬误）
  - **三段论谬误**
    - **间断谬误**
      - **有些结论可推，但无法推最后结论**（前提和结论有多余词项）
        - **结论中有新词项名称：**所有N是Q，所有R是N，所有R是K（或一些F是G等是Q）
        - **否定前提推出肯定结论：**没有N是Q，所有R是N；所有R是Q
        - **从肯定前提推出否定结论：**所有N是Q，所有R是N，没有R是Q（或所有R是非Q）
        - **不当小前提：**没有Q是N，一些R是N，没有R是Q
        - **不当大前提：**所有N是Q，没有R是N，没有R是Q
    - **重言谬误**
      前提：所有R是Q，一些R是Q 所有AB是CD，所有CD是AB
      结论：所有R是N，所有N是Q，所有R是N
  - **演绎谬误**
    - **间断谬误**（多余词项）
      如：M是N；所以Q是R，一些R是Q，所以所有R是Q，所有R是Q，所以一些S是Q；一些S不是P，所以一些P是S
      - **无法推出结论**（没有真中项）
        - **前提有多余词项**
          - **中项词项名称有歧义：**所有天使都有善的灵魂，所有天使都值十先令，一些善的灵魂值十先令；
            是N，没有R是Q
          - **未分配中项**（没有真中项）：一些N是Q，一些N是R
          - **没有中项：**一些Q是N，一些R是T
        - **不相容前提：**M是P，P不是M
    - **重言谬误**
      如：R是Q，所以R是Q

第十九章　逻辑学的原则和范畴

逻辑学的基础是涉及断言并把它们集合在一起的原则。命题的主要形式是直言命题；因此我们首先需要了解直言断言的原则。我们在多样同一性公理中找到这样一条原则，它可以这样表述：每件可以想到或命名的事物都具有多样同一性。这条定理可以用“A是B”表示；A表示任何名称，B表示任何与A外延相同的名称。多样同一性定理可能不（不超过相互依存原则）体现为不证自明的表面证据；但承认它，是承认那些看上去无疑不证自明命题的必要条件，如：数学公理和矛盾律。相互依存定理（部分）涉及同一性定理和不证自明的数学公理，并且似乎还涉及矛盾律，至少目前为止涉及“B的存在和非B的缺失”的相互依存性。同样，相互依存原则似乎是不证自明的；但经过反思，多样同一性原则似乎也同样表现出不证自明的特征。根据矛盾律，一个命题和它的否定不能同时肯定——如果A是B，则A不是非B；并且根据排中律，一个命题和它的形式选言不能同时否定——要么A是B，要么A不是B。这些定律相辅相成并都是不证自明的——多样同一性可视为内涵断言的可能性原则，矛盾律可视为一致性原则，排中律可视为完全原则。这些原则必须与相互依存的两个分支相协调，即特征伴随定律和因果关系定律。我们还应该大致总结归纳法所引来的假设，即从未彼此分离的现象（共存的，或连续的，或共变的）是相互依存的。对于相对推理，需要两个相互关系原则：（1）所有关系都是相互的；（2）任何间接相关联的对象也都是直接相关的。逻辑学的基石是相信不证自明的原则——逻辑学的基本范畴是差异的统一。

现在我们要讨论的原则是逻辑学的基础，即在断言时包含的明确或隐含的原则，并把它们集合在一起。正如我们在前面章节中所看到的，逻辑与陈述和命题有关，即用语言表达的断言或判断——这些判断之间不同的关系。在成为判断之前，首先要形成一个想法，在成为逻辑学讨论调查的对象之前，先要表达一个判断。

最基础的命题形式是直言命题，因此，我们首先需要知道直言断言的原则。我们在第三章中看到，每个直言命题肯定或否定的是多样同一律；因此我们所寻求的原则是多样性中的同一性定理。这可以表达为：

每件能想到的可命名事物都具有多样性——一种相互依存特征中的多样性。这意味着每件可命名的事物都有多个特征，并且可用一个以上的名称表示；因此任何名字都可能是直言命题“S是P”形式的主项。更进一步说，为了让任一事物有自己的特征，而不是事物的多重性，它的特征必须是相互依存的——特征的相互依存性与同一性不可分割。

多样同一律可用符号陈述，表示为：A是B。

很明显，每件事物都必须有：（1）多个特征；（2）特征相互依存；

（3）永久性。因此每个命名的对象必须或多或少在相互依存特征的多样性中具有同一性。的确，永久性本身包含多样同一律，因为无论什么事物都在变化中永恒；虽然一件具有永久性的事物在开始和结束时都是一样的。但它也是多样的，因为至少它的时间这个特征，就是在经历变化的。

此外，任何能想到的事物不仅是它自身，还与其他事物相联系，是整体的一部分。因为每件事物必须在多样性中存在同一性，所以每个组成世界的事物，作为相联系事物体系中的一部分，都必须与整个系统的其他部分和系统整体相关联。因此，任何事物不仅能用一种以上的名称表示，事实上可以用无数名称中的任何一个表示，这些名称表现与其他事物的无数关系（肯定的和否定的）——那些是其特征的事物（参考排中律）。例如，圆锥曲面与其他几何图形的关系；一个人与他的祖先和后代的关系；一个时刻与剩余时间的关系；或空间中任意位置和空间任意其他和所有位置的关系等；任何一个想法和其他想法的关系；任意数量和颜色与其他数量和颜色的关系等。并且关于整个世界或体系的观念，一个由相互联系部分组成整体的观念，似乎包含了特征相互依存的一致性。这不仅适用于我们所知道的这个世界和存在的语言（例如，没有它，普通名称便不再重要甚至不可能存在），并且似乎无法想象一个不具有一致性的世界，或一个不具有一致性的事例，无法想象一个多样性中没有同一性的事物[1]。

在一个由部分组成的整体中，差异中一定存在相似性。两个完全不同的事物和两个完全相似的事物是无法想象的，并且存在词项矛盾。如果完全

[1] 就我们所知的有机物而言，事物个体性质的稳定性和不同事物共存特征的一致性，似乎都是联系在一起的。例如，任何一株植物种子都不可能生长为另一种植物——一颗橡子不可能生长成榆树，木犀草种子不可能变成烛台，一种鸟蛋不可能孵化成另一种鸟，就像知更鸟蛋不可能孵化成红雀。

不同，事物将无法比较；如果完全相同，事物将无法区分——事实上，不会有两个而只会存在一个事物。进一步说，两个事物不可能只在一点上相似；因此由这点我们得出结论，任何相关联的整体相互依存的特质一定存在一致性。我之所以认为，两个事物不可能只在一点上相似，是因为每个特征都必须有自己的形式（用培根的话来说），即任何给出事例的伴随物是不可分割且在一些情况下一致的。

经过思考，多样同一律呈现出不证自明的特征。但在任何情况下，承认这些一看就不证自明的命题是必要条件，例如，数学公理和矛盾律。我们不能对任何这类不证自明的命题进行陈述，只能遵循多样同一律原则。例如以下断言：

一个整体大于它的部分；

如果等于加上等于，那么整体相等；

如果A是B，那么A不是非B。

除非每个词项的对象名称符合多样同一律，否则这些断言不可能成立。只要相互依存原则只断言每个特质都伴随其他特质，它就包含在多样同一律原则中（并且因此包含在矛盾律中）。只要“B”的存在和“非B”的不存在相互依存，同一原则也包含在矛盾律中，且在这点上显然是不证自明的。此外，相互依存的一致性在数学归纳中一看就是不证自明的。

多样同一律和第122页提及的公理可表述如下：

（1）所有事物都有多种相互依存的特质；

（2）没有两个事物只有一个相同特征[1]；

（3）没有两个事物只有一个不同特质；

（4）没有两样事物所有特征都相似；

（5）没有两样事物所有特征都不同。

经过思考，在我看来最后四个和第一个都是不证自明的——它们是自己的论据，不需要其他命题来支撑。相互依存原则实质上是（2）和（3）的表述；（2）（3）（4）（5）加起来是：任何两个事物在许多点上相似，且两样事物也在许多点上不相似。

正是相似性与差异性的这种关系使得归类组合事物成为可能。

矛盾律

一个命题和它的否定命题（无论是反对还是矛盾）不能同时肯定，如：

如果A是B，则A不是非B。

许多哲学家认为这是所有逻辑原则的基础。正如我们所看到的，这不是也不可能是；但它可能是处理命题关系最直接有用的方式。近期一位科学家（理查德·F. 克拉克《逻辑学》第34、35页）说："所有证明都以这个矛盾原则为基础，直接的和间接的……它是我们理性的必要条件。拒绝承认它至高普遍性的人就是在智力上自杀，他把自己排除在理性存在之外，他的言论毫无意义。对他来说，真理和谬误只是文字。若与他正好相反，则可能是正

[1] 任何事物的所有特征中可能都有发展的能力，或特定方面变化的能力。例如：许多花和动物的颜色和大小是变化的。但颜色和大小的变化与其他特征不可分割。例如，颜色的不同与分子结构的不同，与热、振动速度和化学作用而引起的光波不同，和互补色的不同等有关。

确的。如果一个事物可以同时既为真又为假，那么对宇宙中的任一对象做出任何断言的目的又是什么？事实不再是事实，真理不再是真理，错误不再是错误。我们都是正确的，也都是错误的。真的就是假的，假的就是真的。陈述和反驳不再互相排斥。一个人否定的，另一个人可能断言同样为真；或者甚至根本不存在真理。逻辑学是科学，但又不是科学。思想规律是普遍的，但又不是普遍的。美德应该遵守，但又不需要遵守。我存在，但我又不存在。上帝存在，但又不存在。每个陈述是假的也是不假的，一个谎言又不是谎言。很明显，这一切只能导致纯粹简单怀疑主义的混乱结果——怀疑主义也因此毁灭了自身。如果矛盾律可以合理存在于任何一个案例中，那么所有宗教，所有哲学，所有真理，所有随之产生的思考可能性都将永远消失。”

排中律可表述为：

一个命题和它的形式选言命题（无论是矛盾还是下反对）不能同时否定，如：

A是B，或A不是B。

多样同一律可以视为重要断言的可能性原则，矛盾律视为一致性原则，排中律视为替代或完全原则。

在上述原则的基础上，还必须加入相互依存定律作为归纳原则，它有两个分支，即特征伴随定律和事件因果定律（后面两点与相似性和差异性公理的密切联系已在上文提及）。

这里我们还应该提及一个陈述，它粗略概括了归纳法所依赖的假设——一种规则，即那些从未发现的相互分离现象（共存、相继或共变）是相互依存的。通过这些方法我们才能确定所有重要问题，那些任何情况下都不可分割的特征是什么?

所有绝对（或非相对）推理完全基于多样同一律原则——因为名称在内涵多样性中具有外延同一性，因此一个名称既可以在命题中被另一个断言，又可以在推理中被另一个替代。例如，正因为M和P具有外延同一性，因此可以断言：

M是P

并且因为M、P和S具有外延同一性（在内涵多样性中），因此可以从前提：

M是P，S是M

推理出：

S是P

然而对于相对推理，我们也需要相互关系原则：（1）所有相互关系都是相互的；（2）任何间接或迂回相关联的对象之间也是相关的。通过（1）可以推理“如果A与B相关，那么B与A相关”；（2）证明了结论“如果A与B相关，B与C相关，那么A与C相关”。

最后，不证自明原则——应该相信不证自明——似乎是逻辑学最绝对和最终极原则。

逻辑范畴

逻辑学最基本的范畴是差异的统一（统一包括同一和相似，差异包括差异性和数量不同）。大多数运用于逻辑学的广泛概念都在这一范畴下。所说的每一件事物都是多样性的同一性；每个直言命题都是对多样性中的同一性肯定或否定。实物和属性、存在和特征、相互依存性（伴随–因果）、选言、所有推理，都存在多样同一律。数量是物质的一种属性，是所有品质中的一种，任何物质的行动、激情和变化都是它的属性；所有关系都是差异的统一；分级范畴和归纳（只要与演绎不同）推理都是差异性中的相似性；分类和系统化包括三种差异的统一，即多样同一律、差异性的相似性、整体和部分的统一；所有谬误都可总结为同一性或差异性的错误断言。

An Introduction to General Logic

附 录

注释

Ⅰ.命题的对立

直言命题的主项名称与谓项名称相同但质或量不同，或者质和量都不同，技术上而言是相互对立的。命题的对立可以用古典图解法说明，这种图解法称为对立方阵，如图34所示。

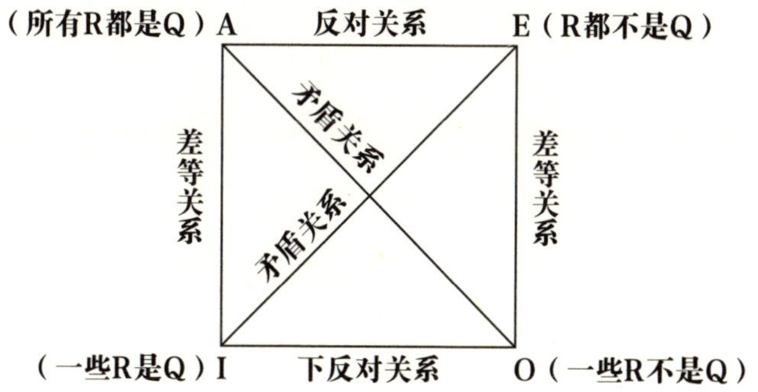

图34

A和E称为反对关系；

I和O称为下反对关系；

A和I、E和O称为差等关系；

A和O、E和I称为矛盾关系。

对立关系不能同时为真，但能同时为假；

下反对关系不能同时为假，但能同时为真；

矛盾关系不能同时为真，也不能同时为假。

对于差等关系，若全称为真，则特称为真；若特称为假，则全称为假。

反对关系质不同但量相同；

下反对关系量不同但质相同；

矛盾关系质和量都不同。

只有直言命题且当它是类直言命题时，才能用传统对立学说和对立方阵图思考。

Ⅱ.谓项

谓项是谓词的一个分类，与主项名称有关。谓项的古典学说与现实主义假设有关——一种观点，认为自然界有一个与每个一般（或类）概念相对应的全称，并且要进入由类成员组成的构成物，取决于在全称体系中的位置。从这个观点看，是人类发现了类，虽然不是由人制造，但最低种（或最低的类）和最高属（或最高的类）是可能的。

亚里士多德把谓项分为四类，即：

（1）定义

（2）自我统一体

（3）属

（4）例外

任何谓项是定义或自我统一体的命题，主项名称和谓项名称可转换，它们有相同的外延；任何谓项是属或例外的命题，主项名称和谓项名称不能转换，因为外延不同。在（1）中，主项名称和谓项名称的内涵（或含义）大致相同，在（3）中部分相同，在（2）和（4）中完全不同。

以下命题是例子：

（1）人是理性的动物

（2）人能笑

（3）人是动物

（4）人有两只手

属是指一类中含有更小的类，如：包括人和牲畜的动物类是一个属。

自我统一体是指因定义而产生的某种品质（如，笑的能力来自理性属性）。

例外是指一些属性属于类的成员，但不由属和定义归类和定义。定义表示所定义的类的属和含义，区别于该属所包含的其他类。

但亚里士多德的四分法，在第三世纪被新柏拉图主义的波菲力所提出的五分法取代。根据后者谓项分为以下几种：

（1）属

（2）种

（3）种差（差）

（4）自我统一体（性质）

（5）例外

对于任何主项，谓项可以：（1）有更广泛的类；（2）通过区分主项指代物，指代属内其他剩下的属性；（3）属（1）+种差（3）；（4）从（3）或（1）中获得一些特征；（5）属于主项特征，但不遵循也不包含在属或种差的含义里。

如果以“人”这个种为例，它的属（如上所述）是“动物”，它的种差是“理性”（属+种差=种）；自我统一体是“做他的饭”；例外是“皮肤光滑”。这个例外是不可分割的，因为它适用于所有人。“有毛茸茸的头发”是“人”类风格的例外，因为它只适用于一类人。也谈到了个体可分割和不可分割的例外。如：对于维吉尔而言，不可分割的例外是他出生在曼图亚，可分割例外是他饿了或醒了。

整个分类和我们今天的需求和思维方式相去甚远。

波菲利之树

这个名字源于波菲利，通常作为图像工具，说明谓项和它们与划分和定义的关系。图像如图35所示。

在这张图中我们从物质开始，它是最高属，最高级的（或最广泛的）类，并以人这个类的个体成员结束，即最低种，最低级的（或最狭义的）类，这通过细分过程实现。上升的部分先表示划分的肯定部分——有形的、身体、有机物、生物、敏感的、动物、理性的，到人——称为困境线。每一

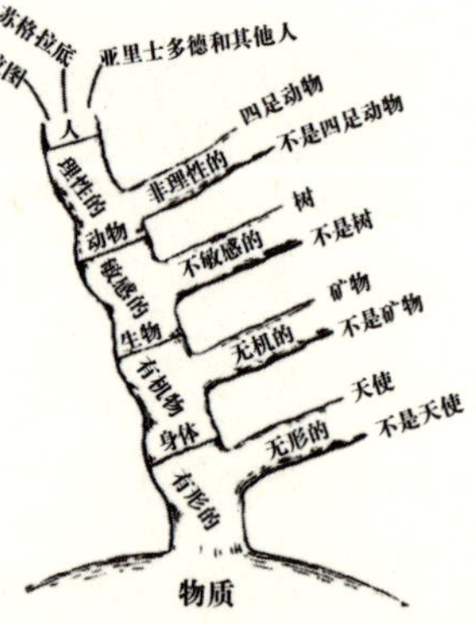

图35

步通过二分法（划分为二）分为一个类和它的负类（有形的、无形的等）。二分法的划分一定是详尽充分的，因为（根据排中律）如果不属于肯定分支就一定属于否定分支。在“有形的”种差附属基础上，增加了一个“身体”种。当“身体”一次分为“有机的”和“无机的”时，它成了两个种的属；然后一直往下分直到得到最低种“人”，只能分到个体为止。“身体、生物和动物”（既是属又是种）称为亚属和亚种。每个类都是范围小于自身的类的属；且对于每个类而言，范围更广的是近属，如：“动物”是“人”的近属。

Ⅲ. 完全归纳法

这个名称是指在一类论证中，前提的一系列事物依次列举，并在结论中用一般表达总结出来。下面是杰文斯给出的一个完全归纳法：

水星、金星、地球等全部自西向东围绕太阳转；

水星、金星、地球等是（=所有的）已知行星；

因此所有（=每个）已知行星都自西向东围绕太阳转。

（杰文斯《逻辑学基础课》第214、215页。）

如上所示，这个论证的三段论表达称为归纳三段论；但它的范围与得出的新概括或定律所依据的推理范围完全不同。

据我观察，在所有不同逻辑学家给出的完全归纳法例子中，存在一个奇怪的错误，小项都集中在小命题中，且分布在结论中——完全归纳法也叫作亚里士多德归纳法、形式归纳法、完整归纳法。

Ⅳ.省略和复合论证

在日常说话和写作中，论证通常没有完全表达出来。例如，我们经常听到这样的简略三段论：

（1）这个木耳是真的菌类，所以很好吃；

（2）所有牛都是反刍动物，所以这只动物是反刍动物；

（3）所有欺凌者都是可恨的，而这个男孩是欺凌者。

（1）省略了大前提“所有真正的菌类都是好吃的”；（2）省略了小前提“这只动物是牛”；（3）省略了结论“这个男孩是可恨的”。这类省略论证通常称为省略三段论（如杰文斯和惠特利提出的）。若省略大前提，省略三段论称为一阶；省略小前提称为二阶；省略结论称为三阶。不完全论证和推论三段论形式之间有一个有趣的对应关系：

如果M是P，则S是P（因为S是M）；

如果S 是M，则S是P（因为M是P）；

连锁论证或连环论证也是省略三段论。

它有两种形式，如：

（1）所有A的都是B的

所有B的都是C的

所有C的都是D的

所有D的都是E的

所以，所有A的都是E的

（2）所有D是E

所有C是D

所有B是C

所有A是B

所以所有A是E

（1）称为前进式连锁推理；

（2）称为回归连锁推理或戈克里安式推理。

（1）可能有个特殊前提在最前，一个否定前提在最后；（2）可能有个否定前提在最前，一个特殊前提在最后。因此在给出的例子中，A–B可能是特殊的，D–E可能是否定的。

词项关系可以用下面的圆圈表示（见图36）：

（a）的所有命题都是肯定命题和全称命题；（b）一个是特称命题，一个是否定命题。

（a）和（b）分别可以分解为系列相互依赖的三段论——

（a）：

（i）

所有B是C

所有A是B

所有A是C

（ii）

所有C是D

所有A是C

所有A是D

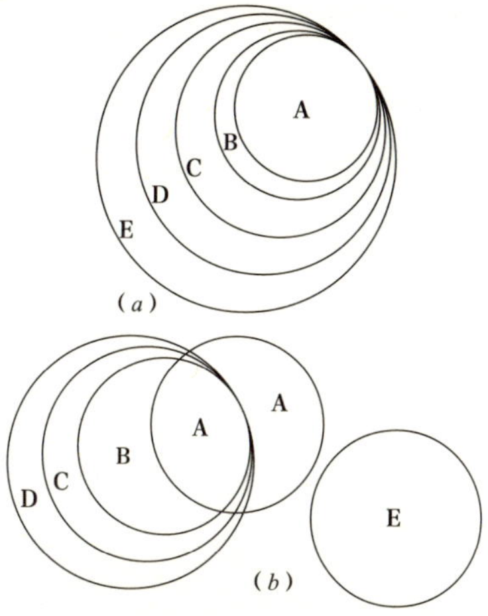

图36

（iii）

所有D是E

所有A是D

所有A是E

这是前进式连锁推理。

（b）：

（i）

没有D是E

所有C是D

没有C是E

（ii）

没有C是E

所有B是C

没有B是E

（iii）

没有B是E

一些A是B

一些A不是E

这是回归连锁推理。

可以看出：（a）中每个三段论的结论是下一个三段论的小前提；所以（i）是（ii）的前三段论，（ii）是（iii）的前三段论；反过来（iii）是（ii）的后三段论，（ii）是（i）的后三段论。

相应地，（b）的每个结论是下一个连锁三段论的大前提，并且（i）（ii）（iii）体现了前三段论和后三段论的关系。

一个连锁三段论同样可以是推论命题或选言命题。

验证连锁是复合省略三段论，其中一个或两个前提有一个隐含的推理，暗示前三段论但没有完全体现出来。

M是P（因为它是Q）；

S是M（因为它是R）；

所以S是P。

V.归纳法的演绎法

除了第十一章讨论的归纳法外，还有一种归纳概括法，密尔称之为演绎法。杰文斯认为更适合称之为组合法或完全法，并且他认为这种方法与真正的归纳推理法十分接近。

演绎法不仅解决简单效应，还解决复杂效应，“它的问题是从不同原因规律中找出复杂效果规律，而这种效果是共同作用的结果”。第一步是通过分类归纳，找出共同结果所作用的每个原因效果（我们可能把这一步分解为观察、假设和应用实验研究法——求同法）。第二步是从几个简单规律到复杂情况中找出关系（计算或演绎）。第三步是验证第二步的结果。

从“力的平行四边形”是演绎法的一个例子。如图37所示，我们假设粒子Q受到两个力B和C的作用，问题是从B和C的分别作用中找出B和C的共同作用。我们发现B会把Q从A带到时间T的D，C会把Q从A带到时间T的F。

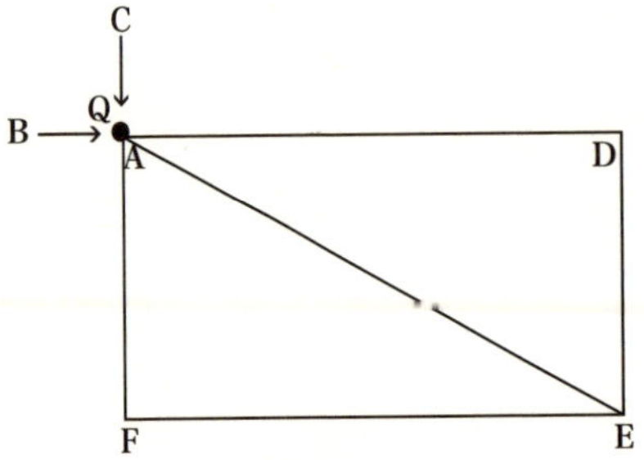

图37

（这是第一步）

因此我们认为，如果B和C同时作用，他们会在时间T把Q带到D端和F端。点E到点A即到D端和到F端。

所以B和C在时间T把Q从A带到E。这是第二步。

验证可能是在A取点Q，让B和C同时作用于Q。如果在时间T最后，Q在E，第三步（和验证）就完成了。

演绎法有几种验证，例如，可以用新的经验来验证（如上），或用过去的经验所记录的结果进行验证（如牛顿的引力理论在一定程度上根据与开普勒定律一致得到验证）。

Ⅵ.密尔的实验四法准则

【=经验的】实验

准则一——求同法

如果调查发现有两种或两种以上现象在唯一共同情况下存在，那么所有现象一致存在的情况就是产生现象的原因（或作用）。

准则二—— 求异法

如果调查中一种现象发生，而在另一种调查中没有出现，存在一种情况相同，但现象只出现在前一种调查中；导致两个现象的实例产生差异的情况是原因，或是现象不可分割的部分原因。

准则三——求同求异并用法

如果两个或两个以上的现象实例在一个共同情况下出现，两个或两个以上的现象实例在一个没有共同点的情况下不出现，则两组实例不相同的环境是作用，或是现象不可分割的部分原因。

（这种方法也简称为并用法，或存在和不存在的一致法，或间接差分法，密尔没有把它单独列为一种方法。）

准则四——剩余法

在任何现象的消减中，前面的归纳是特定前件的作用，剩余的现象是其他前件的作用。

准则五——共变法

当一种现象以某种方式发生变化时，无论如何以某种方式变化，它要么都是现象的原因或作用，要么是与某种因果关系有关。

可供思考的一些问题

第一章

1. 讨论逻辑的范围和定义；并说说你赞同的定义如何应用在不同的逻辑领域中。

2. 普通逻辑假设（如果有）是什么?

3. 你对科学了解多少？逻辑在哪种意义上是一门科学，它与其他科学的关系是什么?

4. 逻辑在哪种意义上可以被称为科学?

第二章

5. 定义命题，列举不同的命题，举例。

6. 为什么对名称和词项的讨论属于“命题的含义”？你如何理解命题的含义?

7. 定义名称；列举说明各种名称。

8. 你是否可以用：

（a）任何说明；

（b）任何证明。

指出三种不同的名称类别（英语或其他语言中的），即：

实体名称（如：人）；

属性名称（如：人性）；

形容名称（如：人类）。

9. 什么是名称和词项的：

（a）外延；

（b）内涵。

请举例说明。

10. 用逻辑描述下列名称：

雾——白色	威廉·莎士比亚
紫罗兰——香的	泰晤士河
西班牙国王	世界上最高的山
一月	太阳
四要素	沃茨沃斯
等于B	仙女

11. “词语的外延和作用取决于语境”是什么意思？这是绝对不变的规则吗？参照字典加以说明。

12. 定义词项，给出主要词项表。

13. 讨论区分绝对词项和相对词项的重要性。

14. 讨论：

（1）集合和非集合名称；

（2）名称的集合和分配方法。

指出“所有”一词的集合和分配用法：

三角形的所有角之和等于两个直角；

三角形的所有角都小于两个直角；

所有人都能在所有人的善中发现自己；

所有人都拥有崇高的兄弟情谊。

第三章

15. 举例分析和定义直言命题。

16. 画一张主要直言命题类别表。

17. 区分下面两者的关系：

（1）词项；

（2）类别。

18. 你认为命题的主项和谓项之间的本质区别是什么？将你的答案应用在下列例子中：

日内瓦湖是蓝色的；

这正是我想要的；

24名囚犯获释；

所有学究都是荒谬的。

19. 指出命题的主项“剑桥是胜者”。讨论“副词不能构成命题主项”

是对的吗？如果是，你认为命题的主项应该是什么？

20. 验证以下陈述：

（1）当我们模糊地提到X时，我们通常指“所有X”或“一些X”；

（2）即使是“一些X”也意味着“一些”的“所有”。

（C.修改）

21. 区分全称直言命题和特称直言命题。确定下列的每个量：

（1）国王死了；

（2）没有人需要绝望；

（3）闪光的不是金子；

（4）一个三位一体的人在头等舱。

22. 把下列命题用合适的逻辑形式表现出来，并指出每句的主项和谓项：

（1）战争的喧嚣声终日在山间回荡；

（2）事实上，我们生活得粗心而安好；

（3）吹笛人走到街上，先微微一笑；

（4）随着时间的推移，我不再争吵；

（5）凡事都有原因；

（6）只有勇敢的人才能获得公平；

（7）一针及时可省九针；

（8）所有人都能在善中发现自己；

（9）他因未受过伤便嘲笑那些伤疤；

（10）每个错误都不应受到指责；

（11）少有人能成名；

（12）他一直正确地生活，不可能犯错；

（13）没有消息就是好消息；

（14）合适的就是好的；

（15）闪光的未必都是金子；

（16）有三件需要考虑的事；

（17）詹姆斯误会了托马斯；

（18）只有几个苹果熟了。

23. 给出逻辑描述：

（a）命题的；

（b）词项的。

（1）每个错误都不是无知的证据；

（2）任何小学生都可以告诉你；

（3）每个人都应该珍惜生命；

（4）春夏秋冬是四个季节；

（5）在他的人生中，没有比离开更适合的了；

（6）战斗逃跑的人会为了另一天而战斗（生活中斗争是不可避免的）；

（7）没有人是他男仆心中的英雄；

（8）除了伟大的人自己，没有人觉得他们不快乐；

（9）诚信是最好的准则；

（10）阿格拉亚、塔利亚和尤弗罗斯因是三位女神；

（11）斯诺登是威尔士最高的山；

（12）那些树是橡树；

（13）2+2=4；

（14）A等于B；

（15）C大于D；

（16）菲利普是亚历山大的父亲；

（17）一些错误是天才的证明；

（18）交易就是交易；

（19）一些仁慈是残忍的；

（20）一些智慧是愚蠢的；

（21）犯错是人的本性；

（22）有志者，事竟成；

（23）结果好，一切好；

（24）有些死亡比生存好；

（25）$2+5-1=2\times3$。

第四章

24. 讨论相对命题和绝对命题之间差异的性质，并考虑这种差异的逻辑重要性。

25. 你会如何分类、解释数学命题?

第五章

26. 定义推论命题。

27. 说明非自包含假言命题的省略特征。

28. 充分说明假言命题和直言命题的区别，指出下列哪些是假言命题，哪些是直言命题?

（1）如果所有人都能做到完美，那么一些人就能做到；

（2）如果承认了这点，那么就解决了逻辑问题；

（3）如果有乞丐来敲门，他就会得到一分钱；

（4）如果一个小孩被宠坏了，他就一定会引起麻烦；

（5）如果这是真的，你就错了；

（6）如果有花是白色的，它就是香的；

（7）如果他告诉你什么事，那就是真的；

（8）如果查理一世没有抛弃斯特拉福德，那么他会更值得同情。

29. 对假言命题和直言命题进行分类，并举例说明。

第六章

30. 定义选言命题，并说明在什么意义上，选言命题必须：

（1）排他；

（2）不排他。

31. 画出选言命题表，并举例说明。

第五章和第六章

32. 定义和分析假言命题、直言命题和选言命题。

第七章

33. 讨论量化在逻辑学中的地位和价值。

34. 有观点认为逻辑命题的谓项应该写一个量项，反对意见是什么?

35. 通过断言“全部或部分列车停或不停在全部或一些站台上”，所得到的8个命题，在多大程度上与量化的类命题AEIO的断言像同一分支?

36. 指出与词汇“一些、少许、任何”相关的逻辑困难；讨论这些词合适的逻辑内涵。

第八章

37. 举例说明相对命题的一般含义。

38. “一个命题与另一个命题相关”是什么意思?

39. 当应该用连接词“和、但是等”连接命题时，需要具备什么条件?

第九章

40. 定义：

推理；

直接推理；

间接推理；

举例说明。

41. 讨论把间接推理分为绝对和相对的意义和重要性。

42. 指出以下两者的区别：

（a）直接推理和间接推理；

（b）归纳和演绎。

43. 定义下列词汇：

等价物；

推理；

演绎。

举例说明：

（a）等价范畴词；

（b）等价助范畴词。

第十章

44. 定义直接推理（演绎）；画出最重要的直言推理类型表。

45. 指出：（1）所有推理的一般原则；（2）直接推理的特殊原则。

（L.缩短）

46. 解释并证明直接推理（演绎）的主要类型。

47. 所有晶体都是固体；

一些固体不是晶体；

一些不是水晶的东西是固体；

没有水晶不是固体；

一些固体是水晶；

一些不是固体的东西不是水晶；

所有固体都是水晶。

分别指出第一个命题与其他命题的关系（如果有的话）。

48. 尽可能列出一张主要直接命题表，可用以下命题：

（1）所有R是Q；

（2）没有R是Q；

（3）一些R是Q；

（4）一些R不是Q。

49. 给出下列命题的反对命题：

（1）一针及时可省九针；

（2）幸运常卖给急躁的人，送给等待的人。

50. 给出下列命题的矛盾命题和反对命题：

（1）如果有国家在保护制度下繁荣，它的公民就会拒绝所有支持自由贸易的观点；

（2）如果有国家在保护制度下繁荣，我们就应该拒绝所有支持自由贸易的观点。

51. 检验下列命题：

（1）人是软弱的凡人，所以软弱的人是终有一死的；

（2）如果无知是快乐的，那么聪明就是痛苦的。

52. 下列的每个命题可以通过什么过程推出下一个命题？

（1）没有知识是无用的；

（2）没有无用的东西是知识；

（3）所有知识都不是无用的；

（4）所有知识都是有用的；

（5）凡不是有用的都不是知识；

（6）凡是无用的都不是知识；

（7）没有知识是无用的。

53. 通过什么过程可以从“所有A是B”推理出：

（1）一些B是A；

（2）所有不是B的不是A；

（3）一些不是A的不是B；

（4）所有AC是B。

用图表说明每个推理的正确性。

54. 指出下列每个命题的主项和谓项，并检验它们的逻辑转换：

（a）正方形的角彼此相等；

（b）詹姆斯是约翰的哥哥；

（c）正义和公平不一样；

（d）教师不必是学究。

55. 尽可能给出下列命题的换质、换位和换质位（反质位）：

（1）没有消息就是好消息；

（2）三角形的所有角之和都等于两个直角；

（3）结果好，一切都好；

（4）诚实的磨坊主有金拇指；

（5）P碰撞Q；

（6）迪克比汤姆强壮；

（7）一些错误是灾难性的；

（8）不可能的事情每天都在发生；

（9）下雪了；

（10）所有闪光的都不是金子；

（11）三角形的所有角都小于两个直角；

（12）如果古代天文学家是对的，那么太阳绕地球转；

（13）如果全年都在度假，那么运动和工作一样乏味；

（14）如果有更好的存在，更好的就会出现；

（15）如果没有人关心我，那么我谁也不关心；

（16）如果一个命题是直言命题，那么它就包含词项和联项；

（17）如果事情都做两遍，那么所有事都是明智的；

（18）如果一个人太幸运，他就不会认识自己；如果一个人太不幸，别人就不会认识他；

（19）如果一个人有一个真正的朋友，那他就拥有更多；

（20）任何鹅都是灰色或白色的；

（21）这本书是灰色的或白色的；

（22）要么诚信是最好的准则，要么生命就不值得拥有。

56. 解释换位和换质位（反质位），应用于下列命题中：

（a）没有灯是需要的；

（b）一些不幸的人会遇到不幸的事；

（c）没有能帮忙的人来。

57. 讨论以下论证的形式有效性：

所有P是Q，所以所有AP是AQ；所有AP是AQ，所以一些P是Q；所有A是P或Q，所以没有AP是AQ。

58. 通过否定词项，所有命题可简化为肯定形式：

通过否定命题，否定词项可以去除。

讨论这两个陈述。

59. 莱斯利·埃利斯指出，虽然一只圣伯纳犬肯定是一只狗，但一只小圣伯纳犬不是一只小狗。验证这个命题。

60. 用一个单称假言命题形式，说明命题“要么A是B，要么C是D”的所有含义，并证明你的解释恰当。给出反命题的换位：“所有既不是B也不是C的A，既是X也是Y。”

61. 尽可能把一个选言命题的全部含义变成一个单称简单假言命题的全部含义，并证明表达充分。

第十一章

62. 对不相容命题进行分类，并定义：

（a）反对；

（b）矛盾。

63. 找出下列每个命题的矛盾：

（1）所有S是所有P；

（2）要么每个S是P，要么每个P是S；

（3）如果每个S是P，那么每个P是S。

64. 两个反对命题中，肯定一个命题可以否定另一个命题，但否定一个命题不能肯定另一个命题。用一个例子证明这点。

65. 用下反对命题表示反对命题可以都为假。

66. 说明下列命题为什么都不是真的矛盾：

（1）当A存在B就存在，且C或D也存在；

（2）一些情况下，A存在，则B或C或D不存在；

如何修正（2），使之成为（1）真正的矛盾。

67. 给出下列命题的反对和矛盾：

（1）如果这项法案通过了，码头工人将受益；

（2）如果太阳绕地球转，古代天文学家就对了；

（3）如果黑人是白人，他就是一个值得信任的人；

（4）如果地球的直径只有6000英里，那么它的周长就小于24000英里；

（5）如果有紫罗兰是鲜红色的，那么它就是无味的；

（6）如果有鹅不是灰的，那它就是白的。

68. 什么命题是真的、假的或怀疑的：

（1）当A是假的？

（2）当E是假的?

（3）当I是假的?

（4）当O是假的?

69. 用矛盾命题证明下反对命题不能同时为假。

第十章和第十一章

70. 写出下列命题的反对和矛盾：

（a）英国希望每个人都尽自己的职责；

（b）每当下雨，我都待在家里；

（c）任何一个普通智力的人都能回答这个问题。

71. 讨论直言命题和假言命题之间的区别性质。检验下面两个命题的逻辑关系，并考虑逻辑上是否可以认为：（a）两个都为真；（b）两个都为假——（i）如果意志不坚定，那么惩罚就不能正确实施；（ii）如果惩罚能够正确实施，那么意志就不坚定。

72. 将下列命题分为四类：

（a）可由（1）推理得到；

（b）从中可以推理得到（1）；

（c）不与（1）矛盾，但不能从中推理得到（1）；

（d）与（1）相矛盾。

（1）一切正义的行为都是权宜之计；

（2）没有权宜之计是不正义的；

（3）没有正义的行为是非权宜之计的；

（4）所有非权宜之计都是不正义的；

（5）一些不正义的行为是非权宜之计；

（6）不是权宜之计的行为都是正义的；

（7）一些非权宜之计是不正义的；

（8）所有权宜之计都是正义的；

（9）不是非权宜之计的行为都是正义的；

（10）所有正义的行为都是非权宜之计；

（11）一些非权宜之计都是正义的行为；

（12）一些权宜之计的行为是正义的；

（13）一些正义的行为是权宜之计；

（14）一些不正义的行为是权宜之计。

第十二章

73. 定义：

（a）直言论证；

（b）直言三段论。

74. 陈述并解释经典直言三段论。

75. 举例详细反驳下列词汇，并指出其中任何你可能熟悉的三段论：

相同；

不同；

同一；

多样；

相似；

区别。

76. 陈述并证明直言三段论规则。

77. 陈述并解释曲全公理。它在推理的地位和价值是什么？

78. 当M是（类）三段论中两个前提的谓项，那么三段论的大前提必须是全称。

79. 为什么“两个否定命题不得结论”？检验下列命题：

没有完美的结果是记录下来的；

教授A的结果不是不完美的；

因此，教授A的结果一定没有记录下来。

80. 给出下列结论的前提：

（1）一些逻辑学家不善于推理；

（2）土星的光环是物质实体；

（3）每个国家都有党政府；

（4）所有固定的恒星都遵守万有引力定律。

81. 用逻辑形式表达下列论证，并用三段论规则检验有效性：

（1）无知是福，聪明是愚蠢；

（2）如果说崇高的人行为崇高，那么所有的英雄都必须是志向远大的人；

（3）只有知足的人才快乐，只有善良的人才知足，只有智慧的人才善良，所以只有聪明的人才快乐；

（4）维多利亚女王是爱丁堡公爵的母亲，肯特公爵是维多利亚女王的父亲，因此肯特公爵是爱丁堡公爵的祖父。

82. 用逻辑形式表达下列论证，并考虑它们的价值：

（1）他一定是小偷，因为他们叫警察时他跑了；

（2）学习语法是无用的，因为一些人没有学过也能运用语法写作，而另一些人学过也无法运用语法写作；

（3）这块布太便宜了，不好用。

83. “没有智者是不快乐的，因为没有不诚信的人是智慧的，且没有诚信的人是不快乐的”，检验这个推理；如果你认为它合理，把它分解为一个常规三段论。

84. 如果知道一个（直言）三段论的中项两次都是全称，能得到什么结论？证明你的答案。

85. 以一个普通三段论的前提为例，如：

所有X的都是Y的；

所有Y的都是Z的。

精确详细地指出命题所肯定、否定和怀疑的，并考虑词项X、Y和Z的关系。

86. 你如何理解三段论中的式和格？

87. 解释应用于三段论的式和还原。哲学家和文盲之间的何种联系，可从下列的三段论中得出：（1）虽然是个文盲，却是哲学家；（2）一些不是哲学家的文盲使用强有力的语言。给出每个情况的三段论的式和格，并说明如何还原到第一格。

88. 用一般直言命题表示下图S和P的关系：

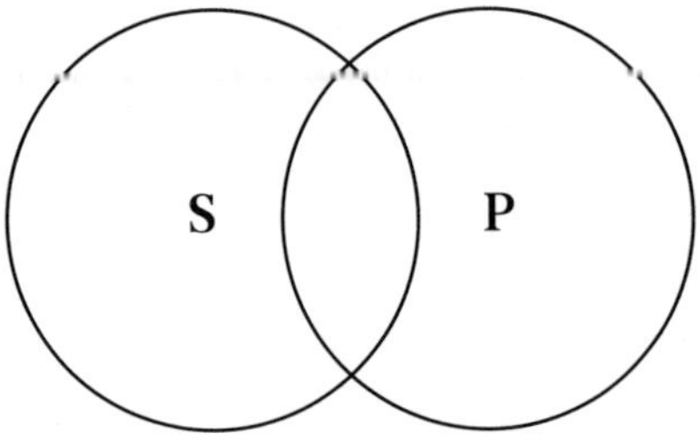

图38

用欧拉图表示Celarent。同一组图是否能用来体现其他的三段论式？

89. 体现出（a）下列式在任何格中都无效：

AIA，EEI，IEA，IOI，IIA，AEI；

（b）在什么格中下列前提可得出有效结论：

AA，AI，EA，OA；

（c）在哪一格中IEO和EIO有效。

90. 下列三段论属于什么式？按正确逻辑顺序排列。

（1）一些Y的是Z的；

没有X的是Y的；

一些Z的不是X的。

（2）所有Z的都是Y的；

没有Y的是X的；

没有Z的是X的。

91. 用下列前提推出结论，说明三段论属于什么式：

（1）一些两栖动物是哺乳动物；

所有哺乳动物都是脊椎动物。

（2）所有行星都是天体；

没有行星是自体发光的。

（3）哺乳动物是四足动物；

没有鸟是四足动物；

反刍动物不是食肉动物；

狮子是食肉动物。

92. 证明在不考虑特殊式的情况下，第三格的小前提一定是肯定，结论是特称，并且第二个只能证明否定。

验证论证："你不能否定被杀的人都是英国人，因为只有英国人在营地，只有营地里的人被杀"。

93. 哪种命题不能做第一格的前提，为什么不能?

94. 为什么肯定大前提第一格和第三格中必须接肯定小前提，在第二格中必须接否定小前提，在第四格中必须接全称小前提?

95. 为什么O命题不能做第一格的前提、第三格的大前提或第四格的前提?

96. 如果知道一个类三段论的中项分别在两个前提中，我们能推出什么结论?

97. 证明第三格必须有一个肯定小前提和一个特称结论。

98. 用间接法或用反证法简化Cesare和Camenes。

99. 用四格的每一格写出一个三段论。

100. 为什么第二格的结论一定是否定的，第三格的结论一定是特称?

101. 用Baroko和Camenes各写一个三段论，并简化成第一格。

102. 用间接法和直接法分别简化Bokardo。

103. 把Barbara简化为Celarent、Darii和Ferio。

104. 什么是当然推论？举例说明并准确写出推理的逻辑基础。

105. 陈述经典的相对直言论证，并解释为什么不让这种论证更加精确。

第十三章

106. 举一个归纳概括法（非数学）的例子，并详细阐述它所涉及的推理和假设。

107. 陈述并解释相互依存的归纳原则。

108. 一方面有人认为，如果结论不包含于前提，那么任何推理无效；另一方面有人认为，没有从已知到未知过程的思想活动不能称为推理。

检验两种陈述的依据，并讨论合并两个陈述的可能性。

109. 区分推理和推测。归纳推理的前提和演绎推理的前提有何不同?“风向转西了，这里要下雨了”，充分分析这个断言涉及的逻辑过程。

110. “在一个例子中AB后面接XY；在另一个例子中AC后面接XZ”。

请简明扼要地说明，根据上面的话证明下面每个命题，需要哪些一般假设和什么特殊条件：

每个A后面都接一个X；

每个B后面都接一个Y；

每个X前面都有一个A；

每个Y前面都有一个B。

111. 如果有人告诉你他昨晚看见鬼了，你有什么理由不相信他，你怀疑的界限在哪里？

112. 如果两个现象有因果联系，你总是能确定是哪一个是原因，哪一个是结果吗？如果能，怎么分辨？

113. 解释术语“定律、一致性、原因”。检验下列命题“原因”的使用情况：

（1）他犯错误的原因是无知；

（2）石头坠落的原因是万有引力定律。

114. 你能解释数学概括的独特性吗？

115. 类比论证的一般性质是什么？你如何区分类比、比喻和举例？

116. 通过类比详细阐述归纳论证的一个实例。

117. 区分归纳法、类比法和举例法。下列论证分别属于哪一类？为什么？

（1）如果一块石头能打破窗户，板球也可以打破；

（2）如果一便士浸在醋里会变绿，那么所有便士都会这样；

（3）物以类聚，人以群分。

118. 定义假设，并给出一些判断假设价值的测试。

119. 给出可使下列定律成立的方法：

（1）物体在热的作用下膨胀；

（2）商业受益于自由贸易。

120. 讨论求同法和求异法的价值，对比两者应用的可能性，以及应用的结论性。

121. 简要分析使下列结论成立的逻辑方法：

（1）万有引力定律；

（2）力的平行四边形；

（3）命题：每个三角形的三角之和等于两个直角。

122. 你会用什么逻辑方法检验下列命题：

（1） 空气有重量；

（2）运动的物体，除非受到干扰，永远不会改变其方向或速度；

（3）自由贸易有助于国家繁荣；

（4）在社会发展中，军队先于工业国家。

123. 在无法做实验的情况下，哪种归纳法最适合科学研究？

124. 列举并举例说明归纳法，指出其在逻辑中的确切地位和价值。

125. 写下用一致性方法证明现象因果关系所涉及的定义、公理和假设。

126. 解释什么是求同求异并用法，并指出它与简单求异法的不同之处。

127. 为什么有时一个实例足以证明一个全称结论，但在另一些情况下，大量实证也都无法证明这种结论？

128. 你能从下列例子中推出什么？

前件	后件
ABDE	stqp.
BCD	qsr.
BFG	vqu.

ADE	tsp.
BHK	zqw.
ABFG	pquv.
ABE	pqt.

129. 假设我们不知道下列现象的原因，用什么方法可以调查它们?

（1）气压计和天气的关系；

（2）一个人饭后中毒；

（3）时钟指针之间的关系；

（4）墨西哥湾流对英国气候的影响。

130. 按照你认为的可行性顺序，列出一份实验法清单。给出排列的理由，并说明“它们都只能简化为两种方法：求同法和求异法”。

第十四章

131. 定义和划分推论间接推理。

132. 讨论下列句子中包含或明显有意为之的推理性质：

（1）如果不能证明一些无效举措是合理的，就不可能证明迫害是正当的，因为没有迫害是有效的；

（2）这份契约虽然没有盖章但可能是真实的，因为一些未盖章的契约是真实的。

133. 检验下列论证：

（1）如果地球绕地轴转动，落体必然偏离垂线；现在实验证明落体偏离垂线，所以地球一定围绕地轴转；

（2）当你否定任何不诚信的人都是智慧的，也否认任何诚信的人是不快乐的，那么要如何承认任何智慧的人都是不快乐的？

第十五章

134. 定义选言间接推理。

135. 什么是纯粹选言论证标准？

136. 用逻辑形式排列下列论证：

（1）要避免禁止酗酒的强制性立法；因为非自愿遵守是有害的，自愿遵守是有益的；

（2）如果X为真，那么Y或Z为真；但Y不为真，据此我们可以得出什么结论？

第十六章

138. 简要讨论一种满意的科学方法特征。

139. 列举合理划分的规则和合理分类的必要条件。

140. 划分下列任何一类：

政府、科学；

逻辑术语；

命题。

141. 什么是类划分和基础划分？用游戏分类说明。

142. 评判下列划分：

（1）大不列颠分为英格兰、苏格兰、威尔士和爱尔兰；

（2）划分为神圣的、历史的、风景的和神话的；

（3）脊椎动物分为鸟、鱼和爬行动物；

（4）植物分为茎、根和枝；

（5）船分为护卫舰、帆船、大帆船和商船；

（6）书分为八开和四开，绿色和蓝色；

（7）图形分为曲线和直线；

（8）目的分为只有目的、手段和目的、只有手段；

（9）教堂分为哥特式、圣公会式、高的和低的；

（10）科学分为物理、道德、形而上学和医学；

（11）图书馆分为公共图书馆和私人图书馆；

（12）马分为赛马、猎人、野马、纯种马、小马和骡子。

143. 以下每一组术语中的第一个名称，都是所依据的划分和细分的类，以便按照划分定律囊括所有附属小类。

（1）人。

俗人；

本国出生的居民；

外星人；

神职人员；

归化对象；

男爵；

同龄人；

平民。

（2）三角形。

等角的；

不等边的；

等腰的；

钝角的；

直角的；

推理；

归纳；

直言三段论；

演绎；

选言三段论；

间接推理。

144. 区分：

分级；

分类；

系统化；

讨论划分和分类的关系。

145. 解释科学分类的主要对象。

146. 指出下列分类可能依据的分类原则：

（1）科学；

（2）体育比赛。

请用（1）或（2）的分类方法说说你的建议。

第十七章

147. 你如何理解一个词的定义？如何确定内涵？

148. 讨论下列的关系：

（1）定义和分级；

（2）分级和归纳。

149. 讨论引起语言中歧义的一些原因；并指出不同情况下，参考语境的各种重要性。

150. 区分定义所指的不同对象，并考虑定义方法和规则会如何根据对象而变化。

151. 定义应避免的主要错误是什么？用“体育”和“考试”的定义进行说明。

152. 下列定义的反对是什么？

（1）桌子是一种木制家具，不是用来坐的；

（2）野蛮是巴塔哥尼亚、菲吉群岛等地状况的代名词。

153. 什么时候需要来识别定义？

154. 评判下列定义：

（1）气压计是你在大厅里轻敲并发出咕哝声的东西；

（2）信天翁是柯勒律治《古舟子咏》的读者熟悉的一种鸟；

（3）网是每隔一段距离就互相交织的网状物；

（4）执事长是执行档案职能的人；

（5）锐角三角形是有一个锐角的三角形；

（6）天竺葵是一种鲜红色的花；

（7）狗是人类的朋友；

（8）自私是社会的祸根；

（9）圆是由一条直线所包含的平面图形；

（10） 三角形是由三条等长直线组成的图形。

155. 为科学目的而充分使用的一门语言，其必要条件是什么？

156. 改变名称含义的主要趋势是什么？请进行说明。

157. 在多大程度上，定义是个任意的过程？以自然历史和政治经济学的定义为例。

158. 解释语言作为思维工具的语言逻辑理想是什么？并说明为什么这种逻辑理想无法实现？在什么条件和限制下，可以用旧词表达新词？

第十八章

159. 定义谬误并举例。

160. 给谬论分类。检验下列句子的歧义：

（1）他非常喜欢工作和运动；

（2）3平方加5等于多少？

如何用数学符号避免上述歧义？

161. 检验下列论证。如果有效，简化为三段论形式；如果无效，解释谬误的性质：

（1）他的懦弱可以从他的残忍中推断出来，因为所有的懦夫都是残忍的；

（2）只有大学的成员在场；所有在场的人都是联盟的成员；所以联盟的所有成员都是大学的成员；

（3）没有不正义的人是快乐的；因为所有智慧的人都是正义的，且没有不智慧的人是快乐的。

162. 验证下文：

你不知道我要问你什么。我要问的是一种称为诡辩论证的谬误本质。所以看来你不知道诡辩论证这种谬误的本质。

163. 验证下文：

（1）促进繁荣的政府是好的；

缅甸联邦政府不能促进繁荣；

因此它不是一个好政府。

（2）土地不是财产；

土地生产大麦；

所以啤酒使人喝醉。

（3）除了人工产品外，没有任何东西是财产；

马不是人工产品；

所以马不是财产。

（4）从地球可以看见土星，且从地球可以看到月球；

所以从土星可以看到月球。

（5）不打不成器；

所以约翰变好，是因为他妈妈天天打他。

（6）苏格兰人是智慧的，并且只有智慧的人是快乐的；

所以苏格兰人是快乐的。

164. 据说人是靠经验获得智慧的。明确说明涉及的逻辑和逻辑外的操作过程。指出下列谚语的错误在哪里：

不是所有闪光的都是金子；

小鸡孵出前不要数；

人并不因为出生在马厩里就是马；

拙劣的工人抱怨他的工具。

165. “你看，不管是他们还是其他人，都是拉齐人。因为工作的关系，蒙尼去了吉田被抓了”。

检验上述论证的有效性。

166. 检验下述论证：

（1）如果进口税提供保护，那么它就是有害的；

这个进口税是有害的；

所以它提供保护。

（2）铁匠卖小刀；

这个人卖了一把小刀；

所以他是一个铁匠。

167. 写一篇短文论述写作和口语中最常见的谬误。

第十二、十四、十五、十八章

168. 检验下列论述：

（1）如果下了雨，那么地就是湿的；但地不是湿的，所以没有下过雨。

（2）如果下了雨，那么地就是湿的；但没有下过雨，所以地不是湿的。

（3）如果下了雨，那么地就是湿的；地是湿的，所以下了雨；

（4）如果地是湿的，那么就下了雨；但下过雨了，所以地是湿的；

（5）我思故我在；

（6）怜悯人的人是有福的，因为他们必蒙怜恤；

（7）每个坦诚的人都承认对手的优点；每个有学问的人都不这样做；所以每个有学问的人都不坦诚；

（8）疼痛若重，必短暂；疼痛若久，必轻微；所以要忍耐；

（9）单质本身就是金属；铁是金属；因此铁是单质；

（10）没有什么比智慧更好；有干面包比没有好；因此干面包比智慧好；

（11）他性格的低能可能是从他的偏爱倾向中推断出来的，因为所有软弱的王子都有这种缺点；

（12）每个人都渴望美德，因为每个人都渴望幸福；

（13）书籍是教学和娱乐的源泉；对数表是一本书；因此它是教学和娱乐的源泉；

（14）你不是我，我是人，所以你不是人；

（15）黄金和白银是财富，因此该国减少黄金和白银的出口证明该国财富减少；

（16）黑夜一定是白昼的原因，因为它总是先于白昼；

（17）一切狂妄的人都是可鄙的，所以这个人是可鄙的，因为他狂妄地相信自己的意见是正确的；

（18）谁最饿，谁就吃得最多；谁吃得最少，谁就最饿；因此谁吃得最少，谁就吃得最多；

（19）诚信值得奖赏；而黑人是一个同类生物；因此，一个诚信的黑人是一个值得奖赏的同类生物；

（20）没有德行的人，也必嫉妒别人的德行；因为人的心，要么以自己的善为食，要么以别人的恶为食；软弱的人，必以别人为食；

（21）鲜红色的罂粟花属罂粟属，罂粟花属自然目，罂粟花又属于双子叶植物的一个亚类。因此，鲜红色罂粟是双子叶植物之一；

（22）不可能的事情几乎每天都会发生；但几乎每天都发生的事情是非常可能的事情；因此不可能的事情是非常可能的事情；

（23）大象比马强壮；马比人强壮；因此大象比人强壮；

（24）亚历山大是菲利普的儿子，所以菲利普是亚历山大的父亲；

（25）不，你看，我知道这是真的；因为他父亲在我父亲的房子里建了一个烟囱，今天砖头还在就可以证明这一点；

（26）希罗多德很可能只记录了他所听到的有关埃塞俄比亚的情况；他所听到的大部分情况并非不可能是正确的；所以我们可以认为他的叙述是真

实的；

（27）在为犯人辩护时，其法律顾问必须要么否认他的行为是罪行，要么必须否认这个罪行是囚犯做的；因此，如果法律顾问否认犯人的行为是罪行，那么他必须承认该囚犯确实做出了这种行为；

（28）“我会继续的，”詹姆斯国王说，“我只是太纵容了。放纵毁了我的父亲。”

（29）解决问题所需的量值必须满足特定方程；由于量值x满足该方程，因此它就是所需的量值；

（30）如果我们除了作为动物的皮肤以外，从未发现其他皮肤，我们就可以明确地下结论：动物没有皮肤就不能生存。如果颜色本身不能存在，那么任何有颜色的东西如果没有颜色也不能存在。所以，如果没有思想的语言是不真实的，那么没有语言的思想也一定是不真实的。

第十九章

169. 讨论多样同一律的含义和意义。

170. 讨论下列定律的关系：

（1）多样同一律；

（2）矛盾律；

（3）排中律。

171. 检验相互依存的归纳原则。

172. 密尔的归纳法所基于的假设是什么？

173. 考虑多样同一律在逻辑学上的重要性。

174. 阐述相对推理原则和不证自明原则。

175. 说明逻辑范畴原则如何从差异统一中得出。

混合问题

176. 一般来说，一个不聪明的人不能把两个想法结合起来。检验这个陈述，并用它说明逻辑探究的主题问题。

177. 陈述精确的特征，并对欧几里得证明命题所采用的逻辑过程进行全面的分析："在同一个底和同一条边上，不可能有两个三角形的边在底的一端相等，同样也不可能在底的另一端相等。"

178. 说明历史证据的准确价值和特征。

179. 说明统计证据的精确性和价值。

180. 用逻辑分析欧几里得求圆心的方法。

181. 命题中的词项分布是什么意思？

解释为什么从命题"所有等边三角形都是等角的"不能推出"所有等边三角形都是等边的"；但是从"平行线不相交"可以推出"不相交的线是平行的"。

182.对欧几里得在证明命题时所采用的逻辑程序进行全面的分析，并说明准确的性质，如果三角形的两个角彼此相等，则与相等角相对的边也应该彼此相等。

183. 描述推理方法：

（1）简单归纳；

（2）类比。

184. 你认为“诡辩”“谬误”“谬论”和“悖论”几个词的含义有什么不同？准确解释“预期理由”的意思。

185. 画一张波菲利之树，并尽可能用它说明谓项，划分和定义；并对你的最高属进行推理，用Bokardo推理最低种。

186. 解释说明什么是完全归纳法。对于观点“完全归纳法不能称为归纳”，讨论支持和反对这个观点的理由（参见注释III）。

187. “重复同样的情况会导致同样的效果，但同样的效果不能推出原因相同”。充分解释这个陈述，特别考虑“同样”的含义。

188. 讨论“因果相制”这个理论，并考虑是否有些情况为真，有些情况为假，这两种情况是否有各自不同的特点来解释这种差异。

189. 解释：

（1）曲全公理；

（2）不当大项；

（3）中项不周延；

（4）还原。

为什么AEE、OAO、AOO在第一格是无效式？

用原始例子解释说明助记词在Camestres、Bokardo、Baroko中的用法。

190. 描述间接推理过程，给出检验有效性的规则。

详述为什么三段论的第一格和第三格需要肯定小前提，且第二格必须有否定结论。

191. 描述求同法和求异法，说明每种方法的性质和有效程度。为什么它们可以称为省略法？用原始例子说明其应用。

192. “一种现象已得到充分说明”是什么意思？

193. 用平面图形画一张拉曼树，并根据它的意义说明：

（1）属；

（2）最低种；

（3）最高属；

（4）种差；

（5）种；

（6）两分法。

194. 检验以下论证：

（1）人不懂逻辑学知识就可以推理，因此研究逻辑学是无用的；

（2）人若谨慎，就必不会故意作恶；人若强壮，就不会有邪恶的冲动；所以他若作恶，就一定愚昧软弱；

（3）人吃东西要么因为饿，要么因为喜欢吃；因此，如果他因为饿吃东西，他就不喜欢吃。

195. 你如何用归纳和演绎证明“食物是生命的必需品”？

196. 为下列论证提供假设，并检验有效性：

（1）上周在马洛一定发生了暴乱，否则他们就不会派警察来了；

（2）战争在所难免，因为小麦每天都在涨价。

197. 检验下列论证：

（1）基础教育是义务教育，应该是免费的；

（2）前五艘船是不允许改变相对位置的；因为我看见他们六个晚上都是按照同样的顺序来港口；

（3）没有人愿意做错事；因为做错事必然会导致痛苦，没有人愿意感到痛苦。

（4）如果我接受了提供给我的地方，我将有更多的工作；如果我拒绝，我会有更少的报酬；但是增加的工作和微量的报酬都是邪恶的；所以我最好既不接受也不拒绝。

198. 从技术上分析下列论证：

（1）旁听席上只有本科生；只有旁听席上的人才能听到；因此只有本科生才能听到；

（2）几乎没有英国人具有政治知识；所有具有政治知识的人都应该有特权；因此，几乎没有英国人应该有特权；

（3）所有衣衫褴褛的人都一定贫穷或希望被认为贫穷；这个衣衫褴褛的人希望被认为贫穷；因此他并不贫穷。

199. 区分实验和纯粹观察，前者的优势是什么？

200. 科学解释是什么意思？给出说明。

201. 解释说明推理是如何参与到观察中的，且观察如何参与到实验中？

202. 区分词项、命题和三段论。说明如何用且只用三个直言词汇构成：（1）单个词项；（2）一个命题；（3）一个三段论。

203. 指示分类和自然分类有什么区别？

204.（直言）命题的质和量是什么？

如果给出I命题，那么有相同词项（名称）的A、E、O命题能得出什么？

205. 对于一个好的观察者最重要的特质是什么？

206. 你如何定义“原因”？把“一个人在写书”作为“他有充裕时间”的原因，这是正确的吗？

207. 你如何解释、证明任何信念？如：“每个伟大的将军都有一个罗马鼻子”“走在梯子下面是不吉利的”“水在32华氏度结冰”“每个等腰三角形的底角相等”。

208. 为什么夏天医院里的温度计低？

（1）因为空气是凉爽的；

（2）因为通风良好；

（3）因为这是适宜的温度，否则就不健康了；

（4）因为医疗当局的规定。

这些解释各自是什么意思？它们都有共同点吗？

209. 在逻辑系统术语出现前，可能会如何推理命题？

210. 举例说明归纳和演绎在日常生活中是如何应用的。

211. 物体的下落和行星运动被称为万有引力的“充分揭示”，是这样吗？我们如何以及在何时可以说任意现象得到了充分说明？

212. 说明逻辑学研究词项和命题的意义。

213. 检验下列命题：

（1）如果A是B，则C是D；

如果E是F，则G是H；

但如果A是B，则E是F；

所以如果C是D，则G有时是H。

（2）这个罪行是这个犯人做的；

这个犯人由地方法官判刑；

所以这个罪行由地方法官判刑。

（3）鸽子1分钟能飞1英里；

燕子飞得比鸽子快；

燕子1分钟飞的距离超过1英里。

（4）这个家庭所有成员的年龄都在90岁以上；

婴儿是这个家庭的一员；

所以婴儿已经90多岁了。

（5）运动会是一种责任，健康是一种责任，且运动对健康是必要的，而这些比赛就是运动。

214. 在《哈丽特·马蒂诺的自传》（第一卷，第355页）中，有位女士在听到查尔斯·巴贝奇对他那台著名计算机的长篇大论后，用下面的问题结束了对话："现在，巴贝奇先生，我只想知道一件事。如果你把问题搞错了，答案会正确吗？"

如果你认为这个问题是荒谬的，请给出详细的理由，使其与事实"由错误前提可能得到一个为真的结论"相一致。

215. 有人说许多观察法实际是推理。用通常所说的感官欺骗来解释说明。

216. 从什么意义上来说"属是种的一部分"？从什么意义上来说"种是属的一部分"？

217. 我被要求相信：A将会从50个条件相似的候选人中选出；我被要求相信，当选举结束时，A当选了。将这些例子与同意依据和尺度相比较。

218. 区分观察、实验和推理。

219. 写一篇关于逻辑与数学关系的短文。

220. 考察在经济学或政治学中，运用逻辑学求异法的可能性有多大。

221. 定义实验，评论以下陈述：

（1）我们不能把实验作为一种新的知识方法与观察对立起来；

（2）我们不知不觉从单纯的观察过渡到确定的实验；

（3）实验绝不能不受观察的限制。

222. 密尔归纳法的一般对象是什么？举例说明共变法。

223. 脾气好证明良心好，两者的结合证明消化好，而消化好总是会产生一个或另一个。（通过欧拉图或其他方法）：“脾气好证明消化好，消化好证明良心好。”